Nanotechnologies
& biochimie radicalaire

Essai d'initiation et de promotion
via les groupes d'ingénierie

Vers une biologie quantique ?

ALAIN VON RODEN

Table des matières

Première partie
Nanotechnologies

Deuxième partie
La biochimie radicalaire

Première partie
Nanotechnologies

INTRODUCTION

Afin de progresser de façon aussi puissante et spectaculaire que la physique et la chimie quantiques et leurs exceptionnelles applications actuelles, la biologie moderne doit utiliser les mêmes méthodologies, théoriques, et les mêmes techniques, pratiques, et bien sûr, développer également des transferts de sciences et de connaissances, dans le cadre des transferts de technologie. Ainsi, dans le domaine des nanotechnologies, les contributions des physique et chimie quantiques représentent l'immense majorité des recherches et développements. La difficulté considérable dans le domaine biologique consiste dans la grande complexité des processus vitaux. Ceux-ci nécessitent non seulement le concours des physiciens et chimistes quantiques, mais aussi des mathématiciens, et encore celui d'ingénieurs capables de réaliser des concepts théoriques, ainsi que des expérimentations pratiques, pour réaliser un couple particulièrement efficace dans le domaine physique et physicochimique quantiques. Toutes les industries ne peuvent se développer qu'en fonction des apports, tant théoriques que des pratiques physico-chimiques.

Dans les domaines de la biologie ou sciences du vivant, une discipline représente vraisemblablement le secteur le plus dynamique dans le domaine de la chimie organique ou biochimie. Il s'agit de la biochimie radicalaire.

La biochimie radicalaire, issue de la chimie organique classique, puis quantique, exige des méthodes et des techniques dérivées des disciplines, tant fondamentales qu'expérimentales, issues des multiples domaines physicochimiques.

Il existe évidemment des instituts de recherche en physique, en chimie comme en biologie. Mais chaque domaine développe ses recherches et ses applications dans le domaine physique, chimique ou biologique, qui lui est en fait spécifique, et les passerelles restent en réalité assez rares, les cloisonnements académiques et structurels (organisations administratives et techniques) restant trop importants. Dans le cas de la biologie quantique, dont la biochimie des radicaux libres (ou biochimie radicalaire) devient une des principales composantes, la nécessité de créer et de se développer des instituts d'ingénierie biologique apparaît évidente, tant dans le domaine scientifique et technique que pour les transferts de technologie, avec les conséquences industrielles, économiques, financières et bien sûr sociales considérables.

Voilà ce que cet essai sur les propositions de mise en œuvre des groupes d'ingénierie biologique (GIB) tente de démontrer schématiquement.

Définition

1) Les mathématiques

a) Modélisations

Science et connaissance : en physique, puis en physicochimie quantiques, l'élaboration des formalismes mathématiques doit toujours se trouver confronter à l'expérimentation : celle-ci corrige, valide ou invalide les recherches théoriques. Enfin, il faut ajouter à ce couple essentiel scientifique les connaissances techniques et technologiques conduisant aux transferts de sciences et de connaissances, tant théoriques que pratiques, donc aux dits « transferts de technologies » qui, à leur tour, vont corriger, valider ou invalider les savoirs et connaissances.

b) Equations et/ou algorithmes

Les mathématiques utilisent le langage des équations, dont deux catégories doivent se distinguer :
- les mathématiques « logiques » (ou théoriques) : abstractions théoriques ;
- les mathématiques « physiques » (ou appliqués) : réalisations expérimentales.

1. Les mathématiques théoriques considèrent des relations (ou des « rapports ») entre différentes ou diverses quantités et entités. Il s'agit alors de démontrer, compte tenu de présupposés considérés comme fondamentaux, que les équations proposées sont vraies (tautologie). Ainsi, ces équations montrent des schémas, des règles ou des structures géométriques correspondant à des théorèmes parfaitement logiques (raisonnés).

2. Les mathématiques appliqués au monde physique ou encore physique mathématique ou théorique
Le rôle des équations consiste à fournir des informations sur une quantité (objets physiques) encore inconnue. Ces équations, lorsqu'elles sont résolues, révèlent les lois de la physique.
Les équations réalisent des modélisations des théorèmes (ou schémas fondamentaux), des lois de la raison logique et des fonctionnements de l'univers chimique. Il existe aussi des simulations numériques d'informations et de décisions algorithmiques (mathématiques algorithmiques).

2) Physico-chimie radicalaire, biochimie radicalaire

Les réactions radicalaires interviennent dans de nombreux domaines de la chimie, inorganique et organique (organismes vivants, domaine de la biologie).

Toutes les réactions d'oxydoréduction peuvent impliquer les intermédiaires radicalaires caractérisés par leurs réactions en chaîne ou en cascades.

Dans le domaine de la biologie, donc de la biochimie organique correspondant à ses bases fondamentales de structures comme de fonctions, les radicaux libres interviennent dans tous les grands processus de l'évolution des espèces : reproduction, modifications génétiques (mutations), immunologie, proliférations cellulaires, différenciation, involution et disparition par apoptose (mort génétiquement déterminée) ou par nécrose (toxique, ischémique, métabolique…).

Les radicaux libres correspondent à des composés chimiques possédant un électron célibataire situé sur une orbitale moléculaire : celle-ci, en fonction des lois physiques quantiques, peut être liante, ou non, ou anti-liante. Ce qui détermine les structures et les caractéristiques physico-chimiques de ces radicaux libres, très réactifs comme très instables : les échanges d'oxydoréduction dans n'importe quel couple « Redox » nécessitent de l'énergie, nécessaire à la captation et à l'enlèvement des électrons impliqués.

3) Les nanotechnologies

Parmi les technologies les plus prometteuses se trouvent naturellement les technologies des domaines quantiques, tant pour la physique que pour la chimie. Ce sont ces nano (10^{-9} mètre) technologies. Le domaine de la chimie organique, donc de la biologie moderne, doit se développer dans le dynamisme des nanotechnologies de la biologie, donc des « bio-nanotechnologies ».

1. LA BIOLOGIE RADICALAIRE – EQUILIBRES REDOX

Dérivée de la chimie radicalaire, celle consacrée à la biologie, au service du vivant ou de la matière organique (végétaux, animaux), se nomme ainsi chimie biologique (ou biochimie) spécialisée dans les recherches et les développements de la biochimie des radicaux ou espèces radicalaires. Tous les processus métaboliques (synthèse et dégradation-recombinaison des molécules des cellules vivantes, donc des tissus et aussi des organes) normaux et dérégulés se comprennent actuellement dans le cadre de cette biochimie des radicaux libres. Leur caractéristique principale structurelle correspond à la présence d'un nombre impair (ou plusieurs nombres impairs) d'électrons. Ces électrons sont dits libres et non appariés (dits encore célibataires). Ces caractéristiques déterminent ainsi les propriétés électrophiles et non nucléophiles. Celles-ci sont fonction de leurs structures géométriques où interviennent fondamentalement les transferts énergétiques concernant l'énergie calorique (thermodynamique) et aussi la vitesse ou cinétique des réactions.

Il faut également insister sur l'importance du milieu environnant ou solvant, où se déroulent ces réactions radicalaires, dont la description formelle mathématique relève d'équations et d'algorithmes.

Dans ces processus chimiques biologiques concernant ces radicaux libres, les notions de couples réactifs d'oxydoréduction (ou redox) jouent un rôle fondamental. Il s'agit notamment des transferts d'électrons et de protons et la définition générale physico-chimique redox peut se déterminer par l'équation générale :

$$\text{Oxydants} + e\text{-} \Longrightarrow \text{réducteurs}$$

Ainsi, l'oxydant représenté par des radicaux libres avec un nombre impair d'électrons capte des électrons au réducteur, afin d'apparier les électrons que l'oxydant possède en nombre impair.

Inversement, le réducteur joue le rôle dit antioxydant car il fournit les électrons manquant à l'oxydant, le stabilisant et empêchant ainsi l'agression oxydante. L'oxygène et ses dérivés représentent des formes oxydantes : leur addition provoque des oxydations, de même que réciproquement, la soustraction d'atomes d'hydrogène provoque une réduction. Ainsi se mettent en œuvre des réactions en cascades dans tous les milieux organiques.

Diverses combinatoires d'addition sur des doubles liaisons C=C peuvent réaliser des cyclisations moléculaires, alors que des soustractions entraînent à l'inverse des ouvertures des cycles ou des fragmentations. La répétition de motifs chimiques semblables (motifs mères) représente des polymérisations, le contraire s'appelant les dépolymérisations et les fragmentations.

Définir les travaux du chimiste D. Harman (1956) détectant le rôle de corps oxydants dans les altérations des caoutchoucs de synthèse, puis étendant ses concepts, leur rôle aussi, dans le vieillissement des organismes biologiques, les corps oxydants furent identifiés comme des espèces radicalaires très réactives et réalisant des agressions oxydantes.

En 1968, l'équipe de Mac Cord objective la présence d'un corps oxydant dit « ion » (molécule ou atome chargé + ou −), superoxydé et l'enzyme réalisant la catalyse, par dismutation : la dis-oxydase superoxyde dans les cellules d'organismes vivants. En 1969, les travaux de l'équipe de Murad mettent en évidence un autre corps oxydant, l'oxyde d'azote. Ainsi sont mis en évidence deux types de radicaux oxydants, ceux dérivés de l'oxygène (espèces réactives oxygénées, ERO) et ceux de l'azote (ERA ou ERN). Ensuite, se rendant compte de l'importance de plus en plus manifeste de ces radicaux libres, les travaux de biochimie radicalaire souligne le rôle de couples d'oxydoréduction : glutathion, thioredoxine, flavines et quinones, nicotinamides, chaînes enzymatiques, cofacteurs, etc., non seulement dans tous les processus métaboliques cellulaires et tissulaires, croissances embryonnaires (prolifération, différenciation), contrôles génétiques, immunologiques des enzymes, vitamines, protéines, glucides, lipides.

De plus, lorsque les potentiels redox se dérèglent en faveur des oxydations, se manifestent les processus de vieillissement et des grandes maladies chroniques de civilisation (cancers, maladies cardiovasculaires, neurodégénératives, immunitaires et génétiques, etc.).

Localisation des radicaux libres

La compartimentation cellulaire des RL représente une de leurs caractéristiques biologiques.

Les mitochondries

Une des sources principales de la production des espèces réactives oxygénées (ERO) provient de la respiration mitochondriale. Celle-ci, grâce à des systèmes enzymatiques réalisant des transferts d'électrons successifs, de la production d'énergie, sous forme d'adénosine triphosphate (ou ATR) et d'eau, à partir de la réduction de l'oxygène : 20 %

des ERO viennent de la respiration mitochondriale, tels l'ion superoxyde et sa forme acide protonée, le radical hydroperoxyle.

Ces ERO peuvent, en fonction des molécules protéiques ou enzymatiques avec lesquelles ils réagissent dès qu'ils sortent de façon « normale » des mitochondries, se comporter en oxydants et/ou en réducteurs (ex. du cytochrome-C FC+++, sous forme oxydée, mais aussi du cytochrome-C FC++, sous sa forme réduite). Ainsi se trouver réalisées des modulations réglant les métabolismes cellulaires.

Les lysosomes

Autre organites intracellulaires où se trouve l'ion superoxyde sous sa forme acide (protonée), le radical hydroperoxyde. Celui-ci, plus oxydant, engendre des peroxydations des lipides.

Les membranes cellulaires

Des couples redox se trouvent sous forme NAD(P)H / NAD+(P+), sources d'ions superoxydes.

Ainsi, dans tous les organismes vivants, se trouvent des couples redox tels que celui réalisé par l'ion superoxyde / radical hydroperoxyle.

La superoxyde dis oxydase (SOD) réalise l'équilibre redox. Lorsque l'ion superoxyde subit une dismutation par la SOD, des molécules de peroxyde d'hydrogène sont formées, puis, par des réactions en chaîne impliquant des ions métalliques (fer) dites de Fenton (complétées par Aabersneit), se trouve formé l'ion radical hydroxyle. Ce radical, possédant des vitesses énergétiques de réaction très rapides, peut alors modifier, en l'oxydant, tous les composants organiques, protéines, acides gras, lipides, acides nucléaires…

La régulation des actions oxydantes modifiant l'équilibre redox de façon temporaire, permet le transfert des informations biochimiques assurant tous les processus métaboliques des cellules, tissus et organismes, sans les répétitions trop fréquentes, trop puissantes, entraînant des déséquilibres redox de plus en plus importants et longs, entraînant ainsi le vieillissement et les grandes maladies chroniques.

2. THERMODYNAMIQUE BIOLOGIQUE

Tous les processus organiques vivants (métabolismes des végétaux et animaux) consomment et fournissent de l'énergie. La source primordiale de l'énergie provient du rayonnement électromagnétique solaire, évalué autour de 1 400 à 1 500 W/m2. Ce qi représenterait un flux dynamique d'énergie autour de 10^{21} calories ! Cette énergie cosmique, solaire, diminue d'environ 30 % en raison de l'absorption énergétique réalisée par le gaz de l'atmosphère, dont l'ozone. Toute cette énergie se trouve absorbée par l'eau (ensemble des océans terrestres, hydrosphère), d'où le réchauffement, avec les courants marins, ainsi que l'évaporation puis l'irrigation par les pluies distribuées sur les divers continents.

En ce qui concerne la répartition énergétique biologique, 1/1 000e environ se trouve « attribué » aux processus métaboliques des organismes vivants.

Les grands cycles des flux énergétiques se trouvent essentiellement dans l'eau (H2O) et dans les molécules organiques (hydrogène, carbone, azote, sodium, potassium, calcium, phosphore, soufre, chlore et fluor). Leur régulation dépend des durées de séjour, ainsi que des concentrations de ces différents atomes et molécules dans les organismes (végétaux, animaux). Les vitesses de ces flux varient en fonction des réserves stockées dans les matières organiques (pour l'oxygène) et dans l'eau océanique (pour le gaz carbonique, ions carbonates).

Ces régulations permettent de maintenir stables les concentrations en oxygènes (± 21 %) et en azote (à ± 79 %) dans la composition de l'air.

A. L'énergie métabolique du glucose

1) La glycolyse (par ex. digestion des aliments)

L'oxydation d'une molécule de glucose (formule chimique C6 H12 O6) fournit 686 000 calories (ou 686 Kcal), 238 molécules d'ADP.

Cet ADP + ± 700 cal/molécule => ATP

ATP = structure chimique de molécules mettant en réserve ± 60 % de l'énergie biologique.

Schéma des cycles énergétiques

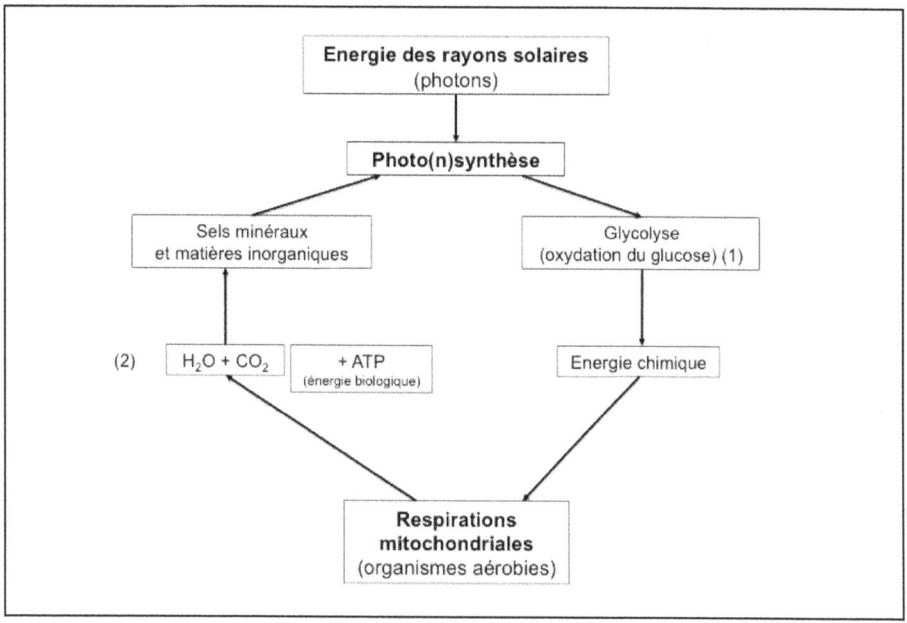

(1) Glycolyse : cycle des tricarboxyles (1950, H. Krebs)
(2) Phosphorylation oxydative de l'ADP=> ATP (1978, P. Mitchell)

2) La glycosynthèse est la synthèse du glucose par photosynthèse végétale (chloroplastes)

6 CO2 + 6 H2O => 6 O2 + C6 H12 O6

avec apport énergétique de transformation de l'ATP en ADP dont chaque molécule fournit 7 000 cal, en fait exactement 686 000 cal (ou 686 Kcal).

B. Structures chimiques de l'ATP

ATP = adénosine triphosphate (ou triester d'adénosine)

L'adénosine correspond à une structure chimique composée d'une molécule d'adénine 2 pour une molécule de d-ribose.

1. L'adénine, comme la thymine ainsi que la cytosine et la guanine, sont les bases dites puriques et pyrimidiques des molécules d'ADN (acide désoxyribonucléique). Ces quatre bases comportent des noyaux cycliques très exactement hétérocycliques dits « aromatiques », appelés nucléotides.

2. Le D (dextrogyre) ribose est, comme le glucose, une molécule de sucres simples.

3. L'adénine et le d-ribose sont liés par une liaison appelée glycosidique.

Ainsi, un nucléotide, en l'occurrence l'adénine, est lié à un sucre simple : le d-ribose.

C. Estérisation

Rappel synthétique - définitions

Il s'agit d'une liaison réalisée par l'acide phosphorique avec le d-ribose.
Cette réaction chimique d'estérification conduit à une structure chimique, l'ester, nommée alors phosphate.

L'adénosine (formée par l'adénine et le d-ribose) peut se lier (selon trois variétés chimiques, en fonction du nombre de molécules de phosphate), soit à 1, soit à 2, soit à 3 phosphates. Lorsqu'un seul phosphate se lie : A-monophosphate.
Lorsque deux phosphates se lient : A-diphosphate.
Enfin, trois phosphates liés donnent l'ATP : adénosine triphosphate.

3. EFFETS DES RADICAUX LIBRES

A. Actions des ERO (espèces radicalaires oxygénées)

1) Oxydation des protéines

Ainsi, les radicaux hydroxyles (OH) oxydant des acides aminés aromatiques (ex. la tyrosine peut conduire à des dityrosines et avec le dioxygène (O2), peut conduire à la réaction à la dihydroxyphénylalanine (DOPA).

Celle-ci, pouvant s'oxyder davantage encore, donne des polymères colorés dont la mélanine (pigment).

Les polypeptides oxydés par les radicaux hydroxyles, là encore avec la présence du dioxygène, conduisent à des fragmentations où se trouvent des fonctions carbonyles. Deux voies semblent principales actuellement. Des oxydations de résine et de thréonine fournissent des aldéhydes et des cétones.

D'autres aldéhydes venant
• de peroxydations lipidiques s'additionnent sur des fonctions amines des résidus lysine des protéines, déjà oxydés ;
• ou encore des aldéhydes venant des sucres dont la fonction carbonyle s'additionnent sur des fonctions amines des résidus lysine des protéines.
Cette condensation protéines-sucres s'appelle réaction de Maillard.

En fin de réaction, toutes les protéines oxydées se trouvent hydrolysées : protéases, pestidases sont les enzymes réalisant cette digestion hydrolytique. Les acides aminés intacts sont recyclés. Les ponts disulfures dus aux oxydations des thiols des protéines sont réduits par des enzymes thiols-disulfures (de type oxydoréductases). Quant aux di-tyrosines, elles sont directement éliminées par les urines.

2) La peroxydation des lipides

Avec les protéines, les lipides constituent les structures et les fonctions des membranes des cellules organiques vivantes, où les échanges intercellulaires sont essentiels.

Dans la famille des lipides se trouvent des structures simples, acides, les acides gras. Mais aussi des esters d'acides gras et d'alcool. Là se trouvent les triglycérides : acides gras + glycérol. Il existe aussi des esters d'acides gras et de phosphates constituant les phospholipides.

En ce qui concerne les acides gras, il s'agit d'acides carbosyliques, composés de chaînes hydrocarburées (de 12 à 20 atomes de carbone). Les acides gras naturels ont un nombre pair de carbones. Quant à la chaîne hydrocarburée, elle comprend de 1 à 5 doubles liaisons, et elle est insaturée (ou bien aucune double liaison, elle est dite saturée).

Parmi les acides gras insaturés, où les doubles liaisons ne sont pas conjuguées, se trouvent les acides gras oléiques (1 double liaison), linoléiques de la famille des CO6 (dernière double liaison sur le 6e carbone avant la fin) et linoléique (W3), ces deux derniers étant « essentiels ».

Il faut signaler que la configuration structurelle des doubles liaisons est de type Z.

L'action oxydante des radicaux hydroxyles (sur les doubles liaisons insaturées) des acides gras insaturés conduit, en présence de dioxygène (O2) à des diènes conjugués à des radicaux peroxyles, puis à des radicaux hydroperoxydes et peroxydes acides gras hydroxyles et à des isoprostanes, et à des aldéhydes, dont surtout des marqueurs spécifiques de stress oxydant, tels les 4-hydroxy-nonenal et le malonedialdéhyde. D'autres produits de catabolismes de haut poids moléculaire proviennent de dimérisation terminale d'oxydation.

3) L'action des radicaux hydroxyles

Elle s'exerce aussi sur les acides nucléaires, surtout sur les bases puriques (purines) en oxydant la partie sucre de l'adésine et plus encore de la guanine.
L'oxydation de la guanine conduit à la 8-hydroxyguanine (8oxoDguanine), caractéristique de l'agression oxydative car retrouvé comme biomarqueur dans les fluides (sang, urine), après oxydation radicalaire.

Les segments (brins) d'ADN doubles sucres se trouvant oxydés peuvent se trouver remplacés par de nouveaux segments intacts, grâce à aux enzymes de réparation nucléaire. Si les réparations sont incomplètes ou nulles, se produisent ainsi les mutations (maladies génétiques) et des réplications anormales conduisant aux cancers.

B. Action des espèces radicalaires azotées (ERA ou ERN)

L'oxyde d'azote emblématique radical libre azoté, découvert vers 1970, ne voit son rôle défini comme facteur relaxant secrété par les cellules endothéliales vasculaires qu'après 1990. Il s'agit donc d'un radical vasodilatateur.

La source de NO_x provient de l'oxydation enzymatique de la NO-synthétase qui, avec l'apport des NADPH et dioxygène, transforme l'acide aminé arginine en citruline, en libérant ainsi le NO.

En fait, trois types de NO_x-synthétase, catalysant cette même réaction, peuvent se distinguer.

1. La NO_x-synthétase endothéliale (III) (parois internes des vaisseaux sanguins)
Faisant varier le volume de leurs calibres, cette NO_x-synthétase permet d'assurer le maintien de la pression sanguine et prévient l'agrégation des plaquettes ou l'adhérence des leucocytes.

2. La NO_x-synthétase (VI) intervient dans les modulations des réactions inflammatoires et dans les défenses antimicrobiennes : toutes les cellules de l'organisme en contiennent.

3. La NO_x-synthétase (I) intervient dans les métabolismes biochimiques nerveux, pulmonaires, pancréatiques et musculaires.

Une autre source de radical libre / oxyde d'azote (NO_x) correspond à une réaction non enzymatique ou enzymatique de réduction des ions nitrites en ions nitrates.

La nitrosation des fonctions thiols comme le glutathion participe à l'homéostasie du couple redox glutathion réduit (GSH) et oxydé (G-S-S-H), tripeptide essentiel, non seulement pour l'équilibre redox intracellulaire, mais aussi pour la signalisation intracellulaire. En fait, les modulations redox directement liées à la structure du glutathion (réduit/oxydé) permettant le panage de l'information intracellulaire générant une oxydation intracellulaire transitoire et rapidement suivie de l'équilibre redox intracellulaire. Le glutathion, tripeptide soufré atteint des concentrations intracellulaires (cytoplasmes ou cytosols) très importantes, de l'ordre de millimoles.

Le radical libre $NO^•$ se lie également aux sites cationiques des métaux de transition liés aux dits métallo-enzymes. Lorsque le site métallique est FE++, le $NO^•$ provoque une oxydation du centre métallique (FE+++). En revanche, lorsque le site métallique correspond à $CU^{2+,}$ le NO provoque la réduction (CU^+).

Interactions $NO^•$ O^{2-}

Lorsque le $NO^•$ et l'ion superoxyde ($O2^{•−}$) interagissent apparaît l'ion peroxy-nitrite ($ONOO^−$) qui, sous sa forme protonée (après action H+) donne la forme acide de cet ion peroxy-nitrite (ONOOH), dont les ruptures après action du CO2 conduisent à des radicaux libres très oxydants : OH et NO2.

Le NO2 agit ensuite sur des protéines (résidus tyrosine), donnant la 3-nitrotyrosine, biomarqueur de l'agression oxydative, mais en même temps, les modifications induites par l'action de NO˙ sur les protéines post-traductionnelles (celles synthétisées par l'ADN puis l'ARN), permettent de réaliser de nouvelles protéines, indispensables aux métabolismes intracellulaires.

Il faut là encore remarquer l'importance essentielle du NO˙ dans l'information cellulaire, nécessitant la recombinaison des structures protéiques. Ainsi, il en est de même avec des phosphorylations (addition de phosphates) ou bien des glycosylations (addition de sucres).

C. Radicaux libres, cofacteurs des enzymes

Les radicaux libres d'acides aminés peuvent former une partie du site actif de l'enzyme.

Exemple classique. Peuvent être cités : un radical tyrosyle et un radical thiyle permettent au ribonucléotide réductase de transformer le sucre ribose en désoxyribose dans la synthèse de l'ADN.

Les flavines (FAD) comme les quinones, transporteurs d'électrons (e⁻) et de protons H+) caractérisés par leur résonances, correspondent à des cofacteurs radicalaires. Il en est de même pour les nicotinamides (NADH/NADPH).

Tous ces cofacteurs se trouvent donc dans la matrice protéique de l'enzyme, sans contact direct avec le solvant cytoplasmique. De même, le tryptophanyl correspond à un cofacteur radicalaire du cytochrome peroxydase, ou encore le tyrosyle pour des transporteurs électriques dans la chaîne photosynthétique des radicaux glycole dans les oxydases.

Se trouvant hors contact avec le solvant cytosolique (cytoplasme), les cofacteurs multiplient considérablement leur durée de vie (quelques jours contre quelques millisecondes en solution aqueuse).

4. BIOELECTRONIQUE

Discipline scientifique se basant sur l'électronique en biologie. Depuis la fin du XXe siècle, tous les biologistes s'accordent pour reconnaître aux radicaux libres, formés constamment par la respiration mitochondriale et de nombreuses réactions oxydatives, non seulement un rôle essentiel dans tous les processus métaboliques cellulaires, mais, tout autant dans le vieillissement que dans leurs implications considérables dans toutes les grandes maladies chroniques « de civilisation » contemporaines : cancers, maladies cardiovasculaires et neurodégénératives, auto-immunes et génétiques. Ces maladies résultent d'agressions oxydatives répétées et dénommées « stress oxydant ».

Corollairement, les industries pharmaceutiques tiennent de plus en plus compte de l'importance primordiale des radicaux libres. Ainsi, dans la biologie moderne, donc quantique, le rôle des radicaux libres s'impose comme primordial, tant dans les processus biochimiques normaux et anormaux... Afin que l'organisme fonctionne normalement, donc soit sain, il faut que l'homéostasie (vitale) du milieu intracellulaire possède des caractéristiques physico-chimiques : les caractéristiques normales, garantes de la santé réelle des organismes vivants (végétaux, animaux et humains) correspondent à un potentiel d'oxydoréduction, dit aussi redox, particulièrement stable, résultant de l'équilibre permanent entre oxydation et réductions.

A l'opposé, tout déséquilibre oxydatif, réalisé notamment par l'excès de radicaux libres (OH, O2-, peroxydes d'hydrogène ou nitrite), permet de transmettre toutes les informations métaboliques (permettant la vie normale cellulaire) dans le cas d'un déséquilibre physiologique transitoire. Si les agressions oxydatives sont trop intenses, c'est le stress oxydant.

A. Contrôle du potentiel redox intracellulaire

Pour que les métabolismes biochimiques, donc physiologiques, s'effectuent dans des conditions normales, dans le cas où cellules, tissus, organes et organismes vivent et se développent de façon réellement saine, le redox doit être légèrement négatif et doit se maintenir à -250 mV.

D'où la nécessité de contrôle régulant très précisément toutes variations de ce redox. Parmi les composés biochimiques essentiel à cet équilibre normal se trouvent ainsi le glutathion (forme oxydée – GS-SG – forme réduite (GS H), tripeptide modulant les signaux d'informations biochimiques ainsi que la thioredoxine, protéine également soufrée.

Dans une cellule saine, ces deux composés protéiques soufrés se trouvent sous leurs formes réduites caractérisées par les fonctions chimiques thiols. Lorsque des protéines du cytosol (cytoplasme cellulaire) sont oxydées par des radicaux libres ou protéines, réalisant dans leurs structures des ponts disulfures, ceux-ci sont alors rompus par les glutathion et thioredoxine qui s'oxydent puis par des transferts d'électrons et de protons retournant à l'état réduit.

Les glutathion et thioredoxine peuvent aussi servir de cofacteurs à des enzymes d'oxydoréduction, ce qui concourt à rétablir le potentiel redox. Le chimiste quantique Walter Nernst donne la formule mathématique du potentiel redox :

$$E = E_O + RT/2F \log \left[\frac{\text{forme oxydée}}{\text{forme réduite}} \right]$$

Avec :
E_O = redox standard complet
R = Constante de gaz parfaits
T = Température en degrés Kelvin
F = Faraday

Quelques exemples montrant le rôle direct du potentiel redox dans trois processus cellulaires et donc tissulaires composants des organes

1. La multiplication cellulaire nécessite un PR $\pm$ – 240 mV
2. La différenciation cellulaire, un PR $\pm$ – 200 mV
3. L'apoptose (destruction cellulaire organisée), un PR $\pm$ - 170 mV

Ainsi, la biochimie radicalaire représente la discipline scientifique de la chimie organique qui permet actuellement de mieux comprendre tous les processus métaboliques (chimiques) normaux ou anormaux de la biologie moderne quantique.

Les méthodes et techniques de quantification des processus biochimiques de transferts d'électrons (e-) et de protons (H+), essentielles dans tous les processus redox de biochimie radicalaire les plus pratiques et efficaces biologiquement, sont les méthodes et techniques (appareils adaptés) de :
• Louis Claude Vincent (M.B.E.V.)
• Franz Morel (système MO-RA)
• Constantin Korotkov (caméras quantiques)

5. LA PRODUCTION DES RADICAUX LIBRES

Elle se manifeste lorsqu'un électron libre (ou non apparié ou « célibataire ») quitte ou s'ajoute à des structures moléculaires.

La voie chimique la plus fréquente correspond à la rupture dite homolytique d'une liaison covalente entre deux structures chimiques, dont chacune possède alors un nombre impair d'électrons ou deux autres structures chimiques.

Les radicaux libres ainsi produits nécessitent un apport d'énergie, radiations électromagnétiques, dont la lumière (photons) ou énergie calorique (chaleur). Le contrôle de la réaction chimique conduisant aux radicaux libres relève souvent de la cinétique (ou rapidité) des réactions chimiques. Comme les radicaux libres possèdent une durée de vie très courte (10-6 secondes par exemple), leurs études nécessitent d'utiliser des méthodes et techniques émanant de la physique quantique. Rappelons que chaque état électronique, fondamental ou dit excité, comporte une structure de vibrations énergétiques reliée aux mouvements vibratoires des noyaux moléculaires composés d'atomes (noyaux et leurs électrons). Les transitions énergétiques intéressent tous les niveaux énergétiques.

Méthodes ou mécanismes utilisées pour la production des radicaux libres

Ceux-ci proviennent soit de la rupture homolytique d'une liaison covalente d'une structure chimique en deux autres entités (moléculaires par exemple), ne possédant plus alors qu'un nombre impair d'électrons, soit de l'addition ou de l'exclusion d'un électron en un nombre impair d'électrons.

Schématiquement, le choix des méthodes dépend du type de radicaux libres recherchés, ainsi que des conditions expérimentales paramétrées avec des logiciels adaptés.

A. Méthodes physiques

1) Thermolyse > 800°C

Exemple : craquage pétrolier donnant des hydrocarbures à chaîne courte (ex. éthylène)

Les produits distillés, dits naphts, constitués d'alcanes (CS-Ca) conduisent aussi à des radicaux libres.

2) Photolyse

Dans la stratosphère, les UV solaires captés par le dioxygène O2 entraîne sa rupture à deux atomes d'oxygène qui, à leur tour, réagissant avec une nouvelle molécule O2, forment une molécule d'ozone (O3).

De même, les UV absorbés par ces molécules d'ozone entraînent la formation de dioxygène et d'un radical oxygène. La photolyse résulte de l'absorption d'un photon en quantum d'énergie lumineuse (W = hV), un électron de liaison se trouve excédé ou même éjecté (photo-ionisation), l'ensemble réalisant des ruptures homolytiques de liaison.

Les nombres quantiques, rotation électrique et moments magnétiques associés déterminent les divers états vibrationnels (physique quantique).

3) Pertes énergétiques par émission, éjection radiative de photons

Lorsque des photons sont éjectés, les variations énergétiques de vibration des atomes des molécules produisent la fluorescence. La phosphorescence fait, par un système dit d'interconversion entre des état excités et états fondamentaux, partie de ces variations d'énergie vibrationnelle (états singulet, triplet). Des photodissociations résultent de l'absorption des rayons UV par la molécule qui se dissocie en radicaux libres.

Radiolyse

Il s'agit là encore de créer une rupture de liaisons covalentes par des photos très énergétiques tels que les rayons ionisants x.

Les énergies très élevées entraînent des matérialisations par paires. Ex. 1 électron et 1 positron qui a son tour crée 2 photons.

Dans des énergies moins fortes, un photon entre en collision avec un électron. Celui-ci est éjecté et un autre photon est créé par apport énergétique (effet de A. Compton).

Aux deux extrémités énergétiques se trouvent, d'une part l'effet photoélectrique : des photons de basses énergies transfèrent leurs énergies à un électron qui se trouve expulsé ; et d'autre part, pour des énergies très élevées (> 10 mev), le photon atteint l'atome même au niveau du noyau et là se manifeste l'effet photonucléaire. Ainsi se trouvent éjectés un neutron et un proton.

De façon générale, les particules chargées (ex. rayons X) déterminent des expulsions d'électrons. Il existe des radiolyses des solides (dosimétries), de molécules ou encore des gaz en solution (UV sur 2 oxygène).

Sonolyse

Il s'agit de processus physico-chimiques utilisant des ultrasons (fréquence 18 kHz à 1 MHz), en milieu liquide, entraînant des variations de pressions, avec cavitation en formation de bulles implosant en libérant de fortes énergies, engendrant la création de radicaux libres.

B. Méthodes chimiques

Elles sont représentées :

- soit par l'oxydation, correspondant à la capture d'électrons portés par une molécule, qui ainsi se trouve oxydée ;
- soit par la réduction, correspondant à l'attribution (addition) d'électrons portés par une molécule, qui ainsi se trouve réduite.

Ces phénomènes d'oxydoréduction sont favorisés par la présence d'ions métalliques (fer++ ou cuivre +) : ce sont les réactions de Fenton complétées par celles de Haber & Weiss.

L'électrochimie se base sur ces réactions d'oxydoréductions et il existe diverses modalités de couples redox permettant, avec des catalyseurs métalliques (fer, cuivre) les productions industrielles de radicaux libres.

C. Systèmes biochimiques de la biochimie radicalaire

Les systèmes biochimiques de la biochimie radicalaire responsables des processus biologiques fondamentaux des espèces animales et végétales reposent sur l'intervention des radicaux libres au cours des réactions d'oxydoréduction.

6. DETECTION DES RADICAUX LIBRES

La connaissance des structures et des fonctions chimiques des radicaux libres dépend des méthodes et des techniques pour les objectiver, directement et/ou indirectement.

A. Détections directes

1) Spectrométrie de masse
Analyses qualitatives et quantitatives de radicaux libres en phase gazeuse directement placés dans l'appareil.

2) Spectroscopie d'absorption électronique
Un rayonnement UV porte les composés à étudier dans un état excité et la transition entre deux niveaux énergétiques donne des bandes d'absorption ou raies d'absorption. Les données, telle que l'absorbance et la longueur d'onde d'absorption sont mesurées. Les densités optiques obtenues sont représentées en fonction des longueurs d'onde.

Spectroscopie infrarouge : système détectant la structure des composés chimiques en fonction des vibrations de liaisons covalentes. Les sites des radicaux libres peuvent se trouver détectés dans leurs molécules, avec notamment la localisation structurelle des électrons non appariés.

3) Spectroscopie de diffusion de CV Raman (1930)
Un faisceau laser (UV => IR) excite des molécules dont la dé-excitation ne donne pas de fluorescence, mais par diffusion : selon des fréquences identiques (ou élastiques, de Rayleigh) ou selon des fréquences différentes (ou inélastiques, de Raman) ; selon la nature des noyaux vibrationnels des photons sont ensuite, selon différentes quantités d'énergie (W = hV). Il existe des variantes d'excitabilité électromagnétique de Raman et de transferts de Charles.

4) Résonance paramagnétique électronique (RME)
La mise en action d'un champ magnétique modifie les caractéristiques de la rotation électronique et du moment magnétique associé. Un spectre de RPE ainsi obtenu (Zavoisky, 1944) correspond à la dérivée de l'absorption énergétique, fonction des variations de champ magnétique appliquée.

5) Double résonance, à la fois électronique et nucléaire

Variété de RPM s'appliquant aux caractéristiques de couplage entre rotations et moments magnétiques, aussi bien au niveau des atomes que des électrons. Ces diverses méthodes permettant de préciser encore plus finement (cf. couplage dit « hyper fin ») les caractéristiques structurelles des composantes chimiques moléculaires et/ou radicalaires. Les unités utilisées sont le Ghoss ou le Tesla (1 G = 10-4 T).

B. Détections indirectes

1) Les capteurs de spin

Créés par l'addition d'un composé dit « diamagnétique sur la double liaison d'une espèce radicalaire à durée de vie trop courte pour être étudiée selon les méthodes directes, ils construisent des additifs. Leur durée de vie alors plus longue que le radical libre permet alors l'utilisation de résonances.

2) Chimie-luminescence

Processus d'oxydation de molécules conduisant à exciter, par la réaction chimique (énergétique) le produit par un composé chimique, le luminol. En se désexcitant ou en se désactivant, le produit rend l'énergie sous forme de lumière visible.

7. DETERMINISME ET ALEATOIRE EN BIOLOGIE

La cellule, élément primordial de la composition des tissus, et donc des organes, représente, par ses composants élémentaires, une sorte de modèle fractal de tout l'organisme vivant (végétaux & animaux). Comprendre le fonctionnement physico-chimique des cellules, quelles que soient leurs types ou variétés, permet ainsi d'appréhender le fonctionnement de tout l'organisme et des relations de divers organes composant celui-ci. Il existe donc des systèmes d'information biophysicochimiques dans les organes et entre eux, et donc de façon fractale. Chaque cellule communique, non seulement avec son milieu environnant, mais encore chaque compartiment cellulaire interagit avec l'autre de façon complémentaire, en phase ou en opposition, comme une sorte de système bioénergétique. La génétique et la biochimie, la biologie moléculaire, devenues sciences modernes de la quantification biologique, permettent de commencer à comprendre certains fonctionnements biophysicochimiques de nature manifestement quantique.

Si les concepts théoriques permettent de hausser la biologie moderne, grâce à la physicochimie, et notamment la biochimie radicalaire (BCR) au niveau des autres sciences (physique, chimie). Les progrès expérimentaux réalisés par les nouvelles méthodes et technologies permettent de mesurer, donc de quantifier, les phénomènes biochimiques. Ces gigantesques travaux, tant théoriques que pratiques, permettent d'accéder à une quantité phénoménale d'informations scientifiques concernant tant les structures que les fonctions cellulaires et subcellulaires (compartiments cellulaires).

La question fondamentale de ces dix dernières années suivant le séquençage du génome humain, en 2004, montre encore le déséquilibre existant entre les descriptions des structures et les fonctionnements de celle-ci et entre celles-ci.

Il faut donc certainement concevoir, comme les ingénieurs conçoivent des systèmes théoriques et expérimentaux, également, des systèmes biologiques dont les concepts doivent se confronter aux résultats expérimentaux objectifs, renouvelables, gages logiques de la validité des concepts théoriques de modélisation (mathématiques).

Les dernières données biologiques confirment que la cellule se compose elle-même de systèmes logiques, sortes de structures dits modules, composées d'ensembles moléculaires et atomiques. De nombreux biens décrits échappent encore à l'explication rationnelle cohérente de leurs fonctionnements biophysicochimiques.

L'évolution des organismes vivants, de l'être unicellulaire en passant par les végétaux et les animaux, montre l'influence essentielle et primordiale de deux composantes fondamentales : d'une part, le déterminisme de la reproduction à l'identique, mais aussi, d'autre part, de l'aléatoire qui, agissant de façon combinatoire avec la première composante, permet la sélection naturelle de l'évolution.

Autrement dit, telle cellule, tel tissu, tel organe et tout être biologique interagit continuellement avec un environnement favorable ou hostile. L'environnement immédiat, les milieux où vivent les cellules, mais également toute ladite biosphère. Au cours de leur existence, les organismes vivants doivent donc assurer un équilibre (homéostasie) physico-chimique, donc énergétique au sens de la thermodynamique, mais aussi biochimique, comme l'éclaire de façon manifeste la biochimie radicalaire. Le rôle des méthodes et techniques de l'ingénierie devient primordial.

Le déterminisme et l'aléatoire apparaissent ainsi jouer un rôle essentiel dans les processus biologiques, rejoignant ainsi les disciplines fondamentales de la physique et de la chimie quantique. En biologie, le déterminisme dépend du patrimoine héréditaire, génétique, correspondant à la tradition de l'espèce biologique, tandis que l'aléatoire permet les modulations, les sélections et une évolution naturelle pour chaque cellule ou chaque organisme (végétal ou animal).

L'ensemble permet l'existence même de la régularité de l'existence. De façon mathématique, ce sont des concepts algorithmiques décisionnels qui ordonnent et rythment la complexité des systèmes biologiques. De façon schématique, le déterminisme relève d'équations, alors que l'aléatoire correspond à des algorithmes d'informations décisionnels. Il faut, pour les spécialistes, se référer aux travaux de H. Lorentz comme à ceux de H. Poincaré. Les termes d'effets dit « papillon » ainsi que « d'attracteur étrange » pour le premier, et ceux de problème de « gravitation et des corps » pour le second, illustrent bien l'apport essentiel des deux grands mathématiciens.

Ces concepts dits complexes, combinant déterminisme et indéterminisme (aléatoire) trouvent leur illustration magistrale dans les formalismes (théories mathématiques) et dans la physique quantique, puis dans la physicochimie quantique. Le terme de formalisme dit probabiliste synthétisé par les travaux fondamentaux d'Algèbre géométrique ou espace du mathématicien Hilbert permet bien de faire comprendre la combinatoire essentielle entre un objet ou une cellule et ses milieux de manifestations physiques ou physico-chimiques. Ce qui, dans le domaine biologique, porte le terme générique d' « environnement ». En formalisme et physique quantique, ces phénomènes portent le nom d'intrication réalisant la combinatoire probabiliste et aussi systématique, l'aléatoire se trouvant « associé » au système holistique ou global. Ainsi, l'information dite quantique repose sur la complexité du système global combiné aux différents éléments intriqués. Se retrouvent toujours cette célèbre combinatoire, déterminisme et aléatoire.

Ainsi, dans l'évolution biologique, l'embryologie de tout être vivant suit l'ontologie, elle-même constamment soumise aux conditions évolutives des milieux environnementaux. Les notions mathématiques de probabilité, de l'informatique et de la cybernétique, se trouvent donc intrinsèquement liées à tout développement : embryologie, jeunesse, maturité et vieillissement naturels. Ces multiples modulations conduisent aussi la reproduction et l'évolution de tous les organismes vivants. Plus ces organismes se développeront en se complexifiant, plus les possibilités évolutives s'accroîtront. Toutes les composantes ou tous lesdits modules de chaque cellule se diversifient d'autant plus que leur structures et leurs fonctionnements atteignent des niveaux de complexités plus hauts.

Il faut donc insister sur le rôle fondamental des méthodes pluridisciplinaires (mathématiques, physico-chimie, biochimie) et leur combinatoire harmonique pouvant sans doute se réaliser dans les ingénieries biologiques et les nanotechnologies.

8. MODELISATIONS

Depuis l'Antiquité grecque, les clercs, savants, lettrés et érudits cherchent à conceptualiser le monde qu'ils observent. Ils cherchent ainsi à construire un système de pensée qui puisse s'approcher du logos de l'univers cosmique, de l'infiniment grand à l'infiniment petit. Toute l'évolution de la science consiste ainsi à mesurer, à reproduire expérimentalement les données quantifiées, examinées méthodiquement par les chercheurs, découvreurs et inventeurs. Tous les concepts scientifiques ne sont valides que confrontés à l'expérimentation théories-pratiques, validant ou non les concepts théoriques.

Le logos constitue donc la pensée rationnelle, constructrice et innovante (des mathématiciens, théoriciens et des philosophes), mais devant tout aussi logiquement se démontrer objectivement, de façon répétitive, par tous les vérificateurs expérimentaux.

Les mathématiciens

Ce sont des scientifiques qui développent et utilise un formalisme de logique fondamentale, représentant la quintessence de l'abstraction du raisonnement mental humain.

De façon évidemment schématique, cette façon de penser abstraitement (mathein) peut se subdiviser en deux grandes catégories.

1) Les mathématiciens théoriques

Ils conçoivent des systèmes de pensée rationnelle primordiaux, qui représentent l'essence même la plus abstraite des raisonnements scientifiques.

2) Les mathématiciens expérimentaux

Ils confrontent les idées formelles de leurs confrères avec les résultats expérimentaux obtenus par les expérimentateurs, physiciens et physico-chimiques et biochimiques.

3) Les mathématiciens ingénieurs ou les mathématiciens mixtes

Cette troisième cohorte de mathématiciens procède à la fois des théoriciens et des expérimentaux : ils connaissent, par leur formation d'ingénieur, les méthodes (théoriques) et techniques (pratiques) d'ingénieries. Ce sont des électroniciens, des cybernéticiens ou encore des informaticiens. Ils connaissent aussi bien les équations que les algorithmes.

Or, il faut bien percevoir que si la physique et la physicochimie quantiques reposent sur des équations développées pour le formalisme (théorique) et les expérimentations (pratiques), déterminés par les travaux gigantesques des théoriciens et/ou expérimentateurs quantiques, le domaine biologique semble jusqu'à présent peu perméable à ce type d'équation, mais répondrait mieux aux systèmes des algorithmes décisionnels.

9. LES NANOTECHNOLOGIES

A. Miniaturisation

Les nanotechnologies correspondent aux sciences, méthodes et techniques dont les champs d'intérêt concernent la matière (organique ou inorganique) se situant dans des domaines d'investigation variés, compris environ en dessous de 1 millionième (10^{-6}) M et descendant jusque vers 1 milliardième (10^{-9}) M(être), d'où le préfixe « nano » : nain (en grec).

Les échelles sont celles de la physique et de la physicochimie, dites quantiques. Ces disciplines scientifiques élaborées entre les années 1895 et 1935 environ engendrèrent déjà d'innombrables applications dans les domaines subatomiques, atomiques, électroniques ou astrophysiques, etc.

Mais le terme nanotechnologie désigner encore plus précisément la possibilité d'observer les molécules et même les atomes de la matière et d'envisager des modifications aux échelles moléculaires et même atomiques en recombinant, de façon coordonnée et méthodique, ces éléments pouvant aboutir ainsi à de toutes nouvelles structures physico-chimique et biologiques, dont les caractéristiques restent évidemment à mesurer… Donc, à évaluer et à optimiser.

Le développement d'appareils et de machines, directement dérivés de la physique quantique, permet ainsi, depuis une trentaine d'années, d'observer, plus ou moins directement, des structures physico-chimiques, dont l'échelle se situe précisément entre 10^{-6} et 10^{-9} M. Ainsi, du microscope dit à effet tunnel, après 1981, à ceux dit à force atomique, à partir de 1986, autorisant des observations et des mesures dans les nanométries.

Cette première approche concernant les NANOTECHNOLOGIES permet alors de discerner les procédés dits de miniaturisation. Celle-ci désigne bien les circuits électroniques, tels les transistors nanométriques qui composent des microprocesseurs. Or, ceux-ci peuvent atteindre des tailles de 10^{-6} M ou au-delà. Il faut donc alors utiliser le terme nanométrie pour désigner des constructions agencées de façon ordonnée, pour former des maillages de matériaux électroniques.

Cette miniaturisation se trouve d'ailleurs couramment exprimée sous les termes bien connues de puces électroniques. Ces objets nanométriques ont permis le développement de tous les appareils électroniques modernes : internet, GPS, téléphones mobiles, etc.

Ces constructions effectuées en maillage par recombinaisons d'atomes ou de groupes d'atomes (molécules) réalisent ainsi des structures dont les propriétés physiques nouvelles engendrent ainsi de nouvelles fonctions, connues, supposées ou nouvelles.

Les fonctions, directement liées aux structures nanométriques, correspondent à l'émergence de nouveaux phénomènes physiques ou physico-chimiques. Ceux-ci se manifestent dans ces échelles dites nanométriques, obéissant aux lois de la physique et de la physico-chimie quantique. Au total, la miniaturisation en électronique marque bien le commencement des dites nanotechnologies, depuis les années 1965-1970 environ, dans l'industrie électronique. Selon la loi dite du physique Moore, le nombre de transistors des microprocesseurs est une structure miniaturisée. La puce électronique se trouve multipliée par deux tous les deux ans. En résumé, les industries microélectroniques pratiquent les méthodes et techniques nanoélectroniques dans le cadre de la miniaturisation de leurs transistors des microprocesseurs.

B. Recombinaison ou monumentalisation

Ce terme, rappelant la combinatoire des nombres désigne la recherche et la réalisation de nouvelles structures, regroupant divers atomes en diverses molécules.

Il s'agit donc d'une création innovatrice de nouvelles constructions, atomiques et/ou moléculaires (groupes d'atomes), désignée ainsi sous le terme de monumentalisation. Cette nouvelle approche nanotechnologique commerce vers les années 1990. Un exemple correspond à celui bien connu des nanotubes réalisés ainsi : un arc électrique formé entre deux électrodes de graphite. Une électrode réalise alors un plasma qui va alors, en se condensant sur l'électrode restante, réaliser une structure filamenteuse où se trouvent des nanotubes. Des nanosphères, des nanofils furent ainsi créés entre 1990 et 2000.

Depuis ces années 1990-2000 se développent des procédés dits de monumentalisation pouvant d'ailleurs conduire à la fabrication de systèmes de taille nanométrique, réalisant une toute nouvelle discipline scientifique : l'ingénierie nanotechnologique.

10. BCR ET NANOTECHNOLOGIES

Depuis une cinquantaine d'années, après la magistrale invention-découverte du formalisme et de la physique quantique (1895-1935), il semblerait que les transferts de techniques (& méthodes) dits technologies, avec la création de nouveaux composants électroniques (informatique, cybernétique), dominent la création et les développements dans les domaines scientifiques. D'autre part, les phénomènes biologiques, très complexes même s'ils obéissent aux lois dites quantiques, associant déterminisme et aléatoire (hasards) ne semblent pas se comprendre dans les domaines des équations mathématiques, mais peut-être ceux des algorithmes décisionnels.

Ou bien faut-il admettre qu'il existerait un autre système combinant équations et algorithmes, mieux adapté pour comprendre les processus fondamentaux de la biologie, notamment ceux de la signalisation cellulaire, rapports entre environnements et cellules d'une part, et rapports entre les divers processus biochimiques internes pour chaque cellule de tous les organismes (végétaux et/ou animaux).

Ainsi, des sciences mathématiques combinant de façon harmonieuse théorie et expérimentation devraient conduire à concevoir des modèles (modélisation) de structures biologiques. Là intervient précisément les sciences de l'ingénieur ou ingénierie scientifique et technique. La signalisation biochimique relève précisément des domaines de la biochimie et notamment ceux de la biologie radicalaire.

Voilà pourquoi la combinatoire biochimie radicalaire et nanotechnologie pourrait bien représenter, non seulement une nouvelle voie théorique physicochimique, mais aussi à la fabrication de toutes nouvelles molécules dont les caractéristiques restent encore dans le domaine du futur, mais probablement d'un futur proche… La multidisciplinarité, les grands complexes industriels d'entreprises innovantes, des ministères de recherche soutenus par des réseaux économiques et financiers publics et/ou privés deviennent primordiaux pour réaliser ces projets, dont l'importance vitale semble bien se préciser dans ces premières années du XXIe siècle.

Voici quelques données quantifiées provenant de livres et d'articles consacrés aux nanotechnologies.

Entre 1990 et 2010 (30 ans), le nombre des publications scientifiques est multiplié par quatre : de 30 000 à 120 000 environ.

Le domaine des physiciens représente la moitié, celui des chimies, le tiers. Mais les biologistes (biochimie), un dixième !

Le rythme des publications dans le monde progresse de 10 %/an, soit cinq fois plus que les autres publications scientifiques.

Dans les premières années du XXIe siècle, les nanotechnologies de miniaturisation (composants électroniques) donnent naissance à des transistors et capteurs nommés nanosystèmes. Vers 2010, des nanosystèmes peuvent contrôler la fabrication de nouveaux nanosystèmes (robotisation). Tous ces domaines correspondent en fait à la micro-électronique, dont les commencements remontent aux années 1960.

En revanche, après 2015, les nanotechnologies s'intéressent à la construction dite de monumentalisation consistant à assembler des molécules et des atomes conduisant à de toutes nouvelles constructions physicochimiques, dont les structures nouvelles s'accompagnent de fonctions physicochimiques nouvelles, sûrement essentielles pour les exportations et les brevets internationaux !

Trois continents dominent nettement ces nanotechnologies : Europe (35 %), Asie (33 %), USA (28 %), le reste du monde, 7 % environ.

Il semble nécessaire de créer des instituts de nanotechnologies et des enseignements de recherche et développements d'ingénierie. Les financiers, économistes et politiques s'intéressent de plus en plus activement aux nanotechnologies, dont le marché mondial dépasse tous ceux actuellement connus car il atteindrait plus de 3 000 X milliards d'euros dès l'année 2015.

11. CONCLUSIONS (2016)

Les mathématiques, la physicochimie quantique viennent participer à la connaissance et à la compréhension de la biologie moderne, dont la biochimie radicalaire représente l'une des disciplines les plus synthétiques permettant de comprendre en partie tous les processus métaboliques normaux et anormaux.

Mais le dynamisme d'une seule discipline (par exemple du séquençage du génome humain terminé en 2004) montre que le risque encouru consiste dans l'accumulation de données qui ne sont pas comprises car elles restent descriptives et non fonctionnelles, expliquant alors les mécanismes de synthèse et de catabolisme des métabolismes biologiques. Certes, il existe des instituts en physique, physicochimie et en biologie, mais le risque de cloisonnement et la complexité particulièrement forte des systèmes biologiques devraient entraîner logiquement la création d'instituts spécifiques d'ingénierie biologique, nationaux et internationaux, les « groupes d'ingénierie en biologie ».

Deuxième partie
La biochimie radicalaire

I. REGULATIONS METABOLIQUES

1. Introduction

La naissance directe de la biochimie radicalaire se situe dans les travaux du chimiste, spécialiste du caoutchouc, D. Harman, entre 1950 et 1955 environ. Sa constatation première consiste à lier des altérations des caoutchoucs avec des agressions oxydantes (ou oxydatives). Ces agressions relèvent de la présence de substances très réactives, dérivées de l'oxygène, les espèces réactives oxygénées se présentant surtout sous la forme de radicaux libres : ceux-ci ne possèdent qu'un seul ou un nombre impair d'électrons sur leurs orbitales périphériques (les plus externes). Ces électrons se stabilisent lorsqu'ils trouvent d'autres électrons pour former des paires électroniques. Mais ce processus se caractérise par des réactions en chaîne qui altèrent, modifient ou détruisent les molécules susceptibles de fournir les électrons d'appariement. Ainsi, l'environnement des substances caoutchouteuses se montre d'autant plus agressif et destructeur qu'il contient plus de radicaux libres oxygénées (ou espèces réactives oxygénées).

En tant que médecin, également, D. Harman poursuit l'analogie avec les organismes vivants et ses travaux sur les processus oxydatifs ou oxydants le conduisent à formuler l'hypothèse que les phénomènes de vieillissement des organismes vivants : vieillissement naturel ou compliqué de maladie chroniques ne sont que des séries itératives de processus de vieillissement via des agressions oxydantes répétées.

Ainsi, D. Harman souligne l'importance de l'environnement. Donc, les milieux où naissent et se développent les organismes vivants jouent un rôle fondamental dans les processus, non seulement de vieillissement, mais également dans l'émergence des grandes maladies chroniques ou de civilisation : cancers, maladies cardiovasculaires, métaboliques (diabète), inflammatoires et auto-immunes, neurodégénératives (Parkinson, Alzheimer…) et via les mutations, les maladies génétiques

Il existe donc une intrication complète entre les organismes vivants (végétaux, animaux) et leurs environnements.

Les premières constatations de D. Harman (années 50), d'abord considérées comme des expériences physico-chimiques, puis vivement controversées par des arguments souvent bien peu réellement scientifiques, finissent par regrouper de plus en plus de scientifiques, physiciens et chimistes dont les travaux ne cessent de confirmer la validité primordiale de ses travaux. Ainsi, la biochimie des radicaux libres devient la discipline physicochimique capable d'expliquer le plus exactement tous les processus biochimiques fondamentaux des cellules et des tissus vivants (végétaux et animaux), mais également de comprendre toutes les filiations entre environnement hostile (riche en radicaux libres), et l'influence directe d'autres radicaux libres dans la biochimie cellulaire (métabolismes des structures ou des fonctions, inter et intracellulaires). Le concept de stress oxydant (ou oxydatif) résulte donc d'agressions répétées de radicaux libres inter et intracellulaires, responsables des dérèglements biochimiques, des dysfonctionnements et dysplasies tissulaires et des organes, puis des maladies chroniques de civilisation (industrielle).

2. Définition des ERO et des ERA (ERN)

Les ERO sont des espèces réactives oxygénées ou radicaux libres issus de l'oxygène (O). Les ERA sont des espèces réactives azotées ou radicaux libres issus de l'azote (N).

ERO et ERA se caractérisent par leurs potentiels d'oxydation des métabolites organiques avec lesquels ils réalisent des couples redox. Les oxydations consistent, de façon synthétique, à procurer le ou les électrons manquant aux ERO et aux ERA qui se stabilisent, après des réactions en chaîne où l'appariement de leurs électrons impairs (ou libres) les stabilisent. Les réactions dépendent des facteurs physicochimiques quantiques réglant la rapidité (ou cinétique) des diverses réactions d'oxydoréduction ou redox. Ainsi, par une très fine déstabilisation redox se constituent les informations essentielles aux métabolismes cellulaires. Il s'agit de la **signalisation** d'informations métaboliques cellulaires. S'opposant à ces déstabilisations redox et rétablissant ainsi l'équilibre redox cellulaire, se trouvent soit des enzymes (catalases, dismutases, peroxydases) ou des peptides (glutathion, thiorédoxines), soit des lipoates, des polyphénols, des pyrovates, des quinones, ainsi que les vitamines (E, C, A…).

Voici quelques principaux ERO (formules chimiques simplifiées)

– Hydroxyle	$°OH$
– Superoxyde	$°O2$
– Peroxyle	$R – °O2$
– Perhydroxyle	$H °O2$
– Peroxyde d'hydrogène (ou eau oxygénée)	$H2O2$

Voici deux principaux ERA (ERN) (formules chimiques simplifiées)

– Monoxyde d'azote	$°NO$
– Peroxynitrite	$ONOO^-$

Ces principaux radicaux libres correspondent à ceux qui, actuellement, interviennent le plus fréquemment dans les nombreuses étapes des métabolismes cellulaires, normal ou dysrégulé (stress oxydant, SO).

3. Formations des ERO et des ERA

Tous les organismes vivants se développent dans leurs milieux (environnement gazeux, aqueux, etc.), où existent divers composés d'origine chimique, physique ou microbienne, plus ou moins favorables aux métabolismes normaux de ces organismes vivants (végétaux ou animaux).

Certains facteurs peuvent être particulièrement nuisibles tels des solvants et gaz toxiques, herbicides, pesticides, etc., très polluants. Il en est de même pour des virus et des bactéries, ou encore diverses radiations électromagnétiques. Ces composés ou ces facteurs, provenant de l'environnement, créent des molécules dites **ligands**. Ceux-ci vont se lier précisément sur d'autres molécules réceptrices des membranes cellulaires des organismes agressés par leurs environnements plus ou moins hostiles.

Les liaisons ligands-récepteurs engendrent alors des molécules activant toute une série de réactions métaboliques. Ce sont des **activateurs**. Ainsi vont se déclencher à leur tour des cascades métaboliques, avec surtout activation de protéines-kinases et de phosphorylations, créant les ERO et les ERA.
Ceux-ci peuvent se manifester entre et dans les cellules vivantes.

Ces ERO et ERA(N) modifient très vite les équilibres d'oxydoréduction (redox). Ce sont des **signaux métaboliques**. Ceux-ci retrouvent normalement leurs équilibres antérieurs après avoir permis toutes les régulations qui modulent très finement des réactions métaboliques, permettant les réactions biochimiques, et donc physiologiques, de tous les fonctionnements cellulaires.

Ainsi, ces signaux physicochimiques agissent non seulement avec rapidité, souvent spécifiquement, en fonction de doses-seuils précises, mais aussi selon les cibles biochimiques permettant le contrôle métabolique et enfin dans des compartiments, également spécialisés, des diverses cellules. Les répétitions excessives et le contrôle de moins en moins précis de l'équilibre redox, localement, régionalement et au niveau de l'organisme, finiront par réaliser l'évolution naturelle du vieillissement cellulaire, tissulaire, des organes, puis de tout l'organisme.
Si les déséquilibres deviennent trop importants surviennent les dysplasies, puis les grandes maladies chroniques.

A. Réalisation des réactions redox (ERO, ERA)

a) La source essentielle (chez les organismes aérobies) des EROs et ERA(N)s se trouve dans les mitochondries, organites essentiels de la respiration mitochondriale, produisant environ 85 à 90 % des EROs et ERA(N)s.

Les protéines réductives (antioxydantes) provenant du métabolisme oxydatif des glucides, lipides et protéines, sont regroupés en complexes moléculaires dans les mitochondries. Ce sont des flavoprotéines (FADH2), des coenzymes (NADH/H+), des coenzymes Q, des cytochromes (avec fer ou cuivre), ainsi que des oxydases-déshydrogénases, oxydoréductases, ou enfin des protéines à fer et à soufre (cofacteurs). Grâce à cet ensemble complexe, s'effectue la respiration mitochondriale, chaîne métabolique fondamentale pour le métabolisme énergétique et la signalisation biochimique des cellules vivantes.

b) Les lysosomes : réservoirs d'enzymes oxydantes, telle les myéloperoxydases. Ainsi, le chlore est oxydé en HOCL (acide hypochloreux), les thiocyanates sont oxydés en acide hypothiocyanique (rôles désinfectants).

c) Les membranes cellulaires et les cytoplasmes contiennent aussi des AGPI (acides gras polyinsaturés), des cytochromes P450, ou enfin des composés de détoxifications cellulaires xénobiotiques (xénobiotiques : substances organiques « hostiles » à l'organisme vivant).

Environnement
Facteurs de croissance
(ex. EGF, PDGF…)
↓
Récepteurs cellulaires (ligands)
↓
Tyrosine-kinases
↓
P21 RAS
RAC
ERO
(ex. superoxyde, peroxyde d'hydrogène…)
↓
Inhibition des tyrosine-phosphatases
↓
Actions physiologiques
Multiplication cellulaire

Environnement
↓
ex. bradykinine, sérotonine, angiotensine
↓
Récepteurs avec protéines G (ligands)
↓
NADPH-oxydases
↓

ERO
↓
MAP kinases

↓

Actions physiologiques :

Multiplication cellulaire   OU   Augmentation volume cellulaire
(si voie sérotonine via ERK)   (si voie angiotensine, via P.38)

Environnement
↓
Ex. facteurs de différenciation
(TGFα)
↓
Récepteurs (ligands)
Sérine – Thréonine – Kinases
↓
Kinases
↓
ERG
↓
ERO
↓
Action physiologique
Différenciations cellulaires

B. Respiration mitochondriale

Molécule d'oxygène (O2)

Actions enzymatiques en cascades des
Cyclo & lipo-oxygénases
NADPH & xanthine-oxydases (Mitochondries)

& mono-oxygénase (P450) => (Cytoplasme)

ERO

Ex. Superoxyde
(O°2⁻)

Combinaisons chimiques entre ERO et le superoxyde (O°2⁻)

a) Si action superoxyde dismutase   =>   peroxyde   d'hydrogène   (eau
oxygénée H202)

b) Si action monoxyde d'azote (NO, ERA)   => peroxy-nitrite (ONOO⁻)

c) Si action du chlore (Cl⁻)
à partir du peroxy-nitrite   { Acide hypochloreux
et/ou du peroxyde d'hydrogène   HO-Cl

d) Si action du superoxyde (O°2⁻)   { Radical hydroxyle (°OH ⁻)

Formation du radical hydroxyle (OH°)

Il peut provenir :

• soit du peroxyde d'hydrogène + ions ferreux

• soit du peroxynitrite, via l'acide hypo-chloreux (HOCl) = nitrites

---

Redox (en cascades) dans les compartiments cellulaires

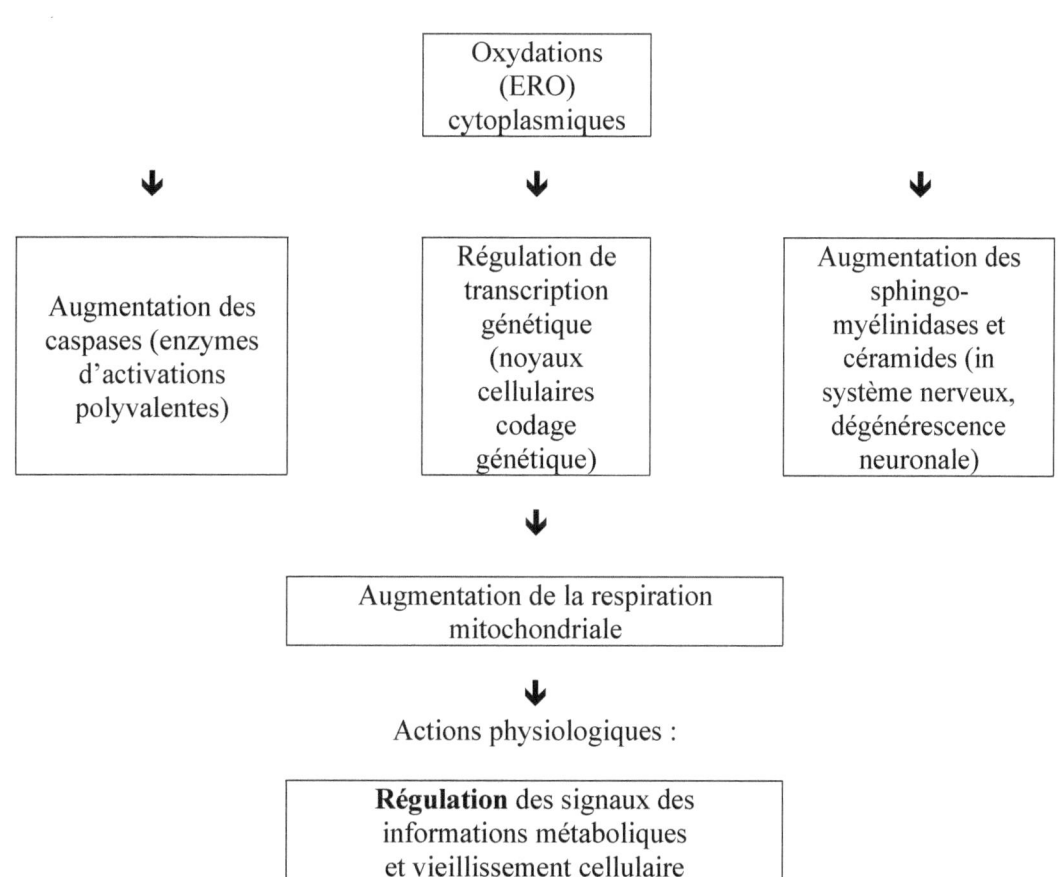

Oxydations (ERO) cytoplasmiques

→ Augmentation des caspases (enzymes d'activations polyvalentes)

→ Régulation de transcription génétique (noyaux cellulaires codage génétique)

→ Augmentation des sphingo-myélinidases et céramides (in système nerveux, dégénérescence neuronale)

→ Augmentation de la respiration mitochondriale

→ Actions physiologiques :

Régulation des signaux des informations métaboliques et vieillissement cellulaire

Actions physiologiques dans les compartiments cellulaires

1. Noyaux cellulaires

Action du peroxyde d'hydrogène (eau oxygénée)
Facteurs NFKB & AP1 activé => arrêt de la croissance cellulaire

2. Mitochondries

Action du peroxyde d'hydrogène & du superoxyde => arrêt de la croissance cellulaire

3. Membranes et cytoplasmes des cellules

Action du peroxyde d'hydrogène
Kinases & phosphorylases activées
Protéines d'hyperplasie => multiplication cellulaire

Action du superoxyde
Phosphatases désactivés => multiplication cellulaire

Formations enzymes NADP / DADPH oxydases

Ligands   Angiotensine II (hypertension artérielle)

Récepteurs membranaires   Angiotensine (1)

Activateurs   Protéines kinase C : oxydations en chaîne

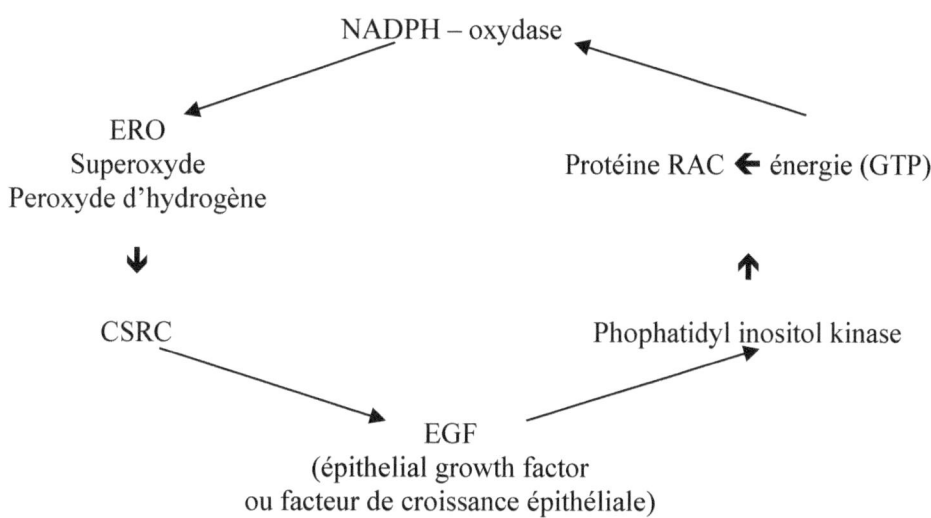

NADPH – oxydase

ERO
Superoxyde
Peroxyde d'hydrogène

Protéine RAC ← énergie (GTP)

CSRC

Phophatidyl inositol kinase

EGF
(épithelial growth factor
ou facteur de croissance épithéliale)

Actions physiologiques des NADP / NADPH oxydases

Actions sur les parois vasculaires composées de cellules : internes ou endothéliales, médianes (ou leïomyocytes).

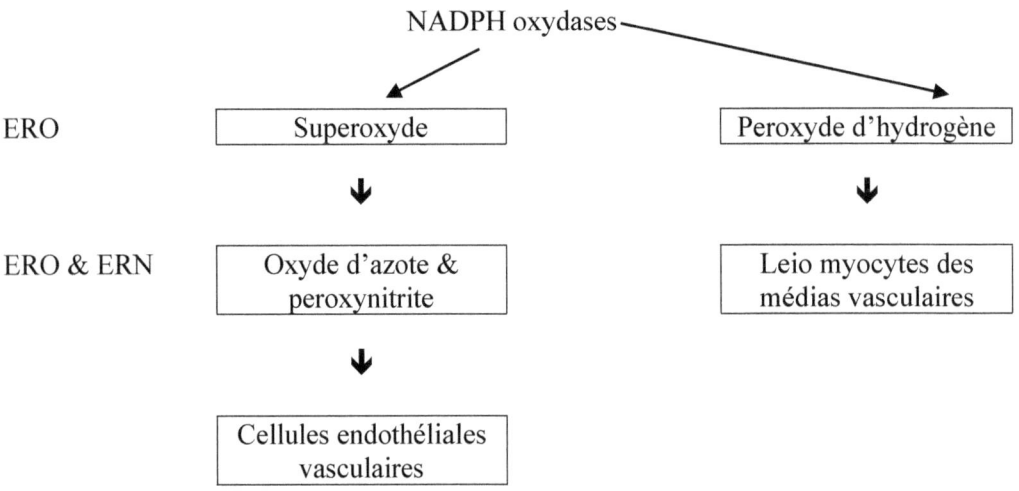

NADPH oxydases

ERO
- Superoxyde
- Peroxyde d'hydrogène

ERO & ERN
- Oxyde d'azote & peroxynitrite
- Leio myocytes des médias vasculaires

- Cellules endothéliales vasculaires

Rappel schématique : coupe de vaisseau sanguin (source internet)

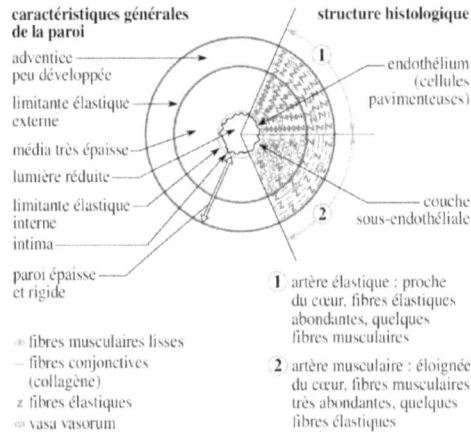

caractéristiques générales de la paroi — structure histologique

adventice peu développée

limitante élastique externe

média très épaisse

lumière réduite

limitante élastique interne

intima

paroi épaisse et rigide

endothélium (cellules pavimenteuses)

couche sous-endothéliale

- fibres musculaires lisses
- fibres conjonctives (collagène)
z fibres élastiques
- vasa vasorum

1 artère élastique : proche du cœur, fibres élastiques abondantes, quelques fibres musculaires

2 artère musculaire : éloignée du cœur, fibres musculaires très abondantes, quelques fibres élastiques

Actions physiologiques des NADP / NADPH oxydases

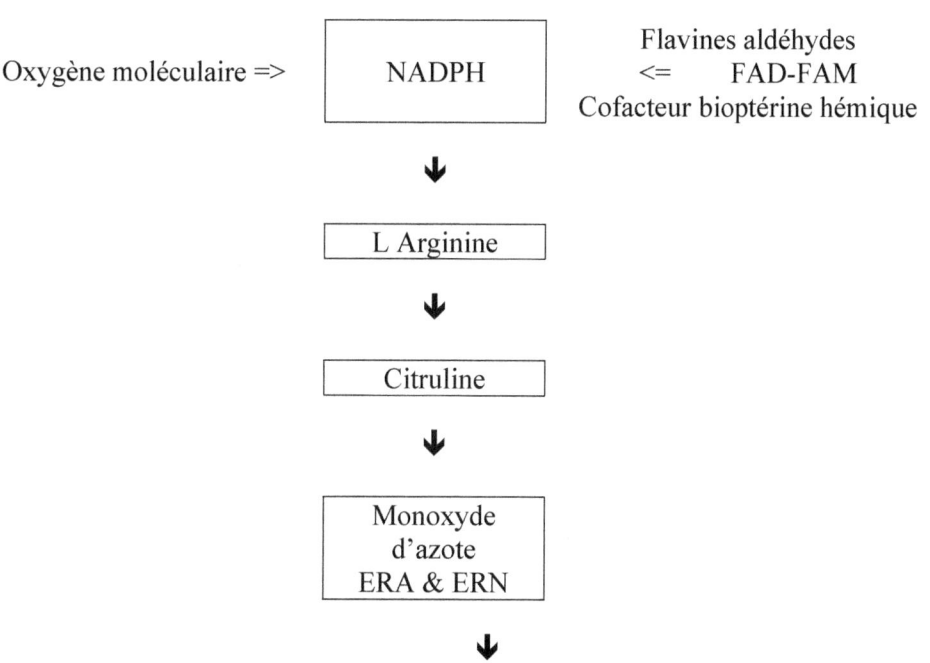

Oxygène moléculaire =>

NADPH

Flavines aldéhydes
<=   FAD-FAM
Cofacteur bioptérine hémique

L Arginine

Citruline

Monoxyde
d'azote
ERA & ERN

Cycle arginine citruline,
Synthèse du NO (monoxyde d'azote)
intra endothélial vasculaire

Peptide dimère formé par la ptérine (avec une chaîne di-thiol énique qui peut se cycliser avec du molybdène et qui s'associe à un FAD et à 2 sites (fer soufre) et il est situé dans lecytoplasme périnucléaire.

Selon sa structure, deux voies métaboliques.

1. Oxydation

NADH => NAD+ => hypoxanthine + oxygène (O2) + urates + superoxydes

2. Réduction

a) Oxygène (02) => superoxydes

b) Monoxyde d'azote => peroxynitrites

4. Actions métaboliques des ERO et des ERA (résumé synthétique) : quelques exemples de régulations et de dysrégulations

A. Génétiques

Les ERO et les ERA sont des médiateurs d'informations métaboliques « transmettant » des signaux chimiques essentiels à l'homéostasie de tout organisme vivant, car ils interviennent dans les grandes fonctions biochimiques, donc physiologiques fondamentales cellulaires. Là encore, la notion essentielle de dose-seuil permet de distinguer soit des régulations normales, soit des dérèglements plus intenses, plus longs, avec une perturbation de l'équilibre homéostatique « redox » (modifié normalement et rétabli, ou bien déréglé).

Lorsque se produit une oxydation, l'équilibre redox se modifie momentanément, et pour revenir à l'état redox d'équilibre, la cellule doit activer des gènes codant des métabolites antioxydants et en même temps, réprimer ceux qui codent pour des substances pro-oxydantes. Enfin, lorsque la ou les cellules sont trop lésées par l'oxydation, d'autres gènes déclencheront l'élimination par destruction des cellules anormales : c'est alors l'apoptose.

Donc, les ERO et les ERA interviennent, tant au niveau des facteurs de transcription, en amont de l'activité des gènes qu'au niveau des post-transcriptions, donc en aval de l'activité génétique. Seront envisagés schématiquement comme modèles les facteurs de transcription et les rôles des ERO et des ERA dans leurs régulations biochimique et physiologique.

La régulation des facteurs de transcription s'effectue soit directement, soit indirectement.

1. Directement, l'oxydation privilégie surtout la cystéine (acide aminé le plus sensible à l'oxydation), ce qui entraîne la perte de la fonction de liaison avec l'ADN nucléaire : ce qui déclenche l'activation des facteurs de transcription.

2. Indirectement, l'oxydation atteint des enzymes (les kinases et les phosphatases) : ces enzymes vont activer les facteurs de transcription, avec la coopération des capteurs redox.

En ce qui concerne les cystéines (dont les groupements thiols sont très sensibles aux ERO), elles se lient avec des bases de l'ADN, reconnaissant par des liaisons H+ le domaine de liaison des facteurs transcriptionnels. Ensuite, réalisant des ponts disulfures (inter et intra-caténaires), ces cystéines modifient, altèrent donc la structure, et par là même, la fonction de leurs protéines. Enfin, ces cystines coordonnent l'action d'ions métalliques, ce qui change encore la structure des protéines (dites en « doigt de Zn++ lorsque le cation métallique est le zinc). Ainsi se trouvent créées des interactions ciblées avec l'ADN.
Mais ces modifications sont réversibles grâce aux groupes thiols des cystéines, ce qui permet de moduler les variations de l'état redox cellulaire.

Pour les enzymes (kinases et phosphatases), les actions sur les gènes varient en fonction, d'une part, des variétés d'enzymes oxydés et, d'autre part, de variétés d'ERO et d'ERA, impliquées dans l'oxydation. Ce qui permet de démultiplier les combinaisons biochimiques (structurelles et donc fonctionnelles), entre les activateurs, les ERO et l'ADN, sachant également qu'intervient la dose-seuil. Ainsi se trouvent modulées les régulations de la transcription génétique cellulaire (**combinatoire chimique** de facteurs qualitatifs et quantitatifs).

Principaux facteurs de transcription (NFKB, AP1, NRF2, BACH)

1) Le facteur nucléaire (NFKB)

A l'équilibre redox, ce facteur se trouve lié à une protéine I-KB dans le cytoplasme. Lors d'une oxydation par ERO et ERA, l'activation « en cascade » de cytokines et de kinases déclenche la phosphorylation des I-KB. Sa dégradation (« ubiquitination ») alors réalisée dans le protéasome cytoplasmique, libère le NFKB : celui-ci pénètre le noyau et se lie aux ADN pour réguler alors les cycles cellulaires, l'apoptose et l'inflammation. Une variante de cette voie métabolique consiste dans l'activation d'une kinase : la phosphatidylinositol 3-kinase) et accompagnée d'une inhibition de tyrosine phosphatases… Quelles que soient les voies utilisées, la cystéine du domaine de liaison de NFKB à l'ADN doit être réduite soit par la thioredoxine, soit par le facteur redox 1.

Au total, ce NFKB est libéré de l'IFKB par oxydation. Il entre dans le noyau cellulaire. Enfin, la réduction de la cystéine lui permet de se lier à l'ADN nucléaire.

2) L'activateur protéique AP1 (dimère formé par JUN & FOS)

Ce complexe jun se compose lui-même du facteur jun et de deux autres protéines : la glutathion S-transférase et la sérine-thréonine-kinase.

Les ERO réalisent des oxydations des cystéines (de la G. S-trans), ce qui la dissocie de l'autre protéine (Cjunkinase). Cette c-jun kinase est alors phosphorylée. A son tour, la c-jun kinase va phosphoryler c-jun. Ainsi, le c-jun est dissocié de la jun kinase et peut alors se lier aux gènes nucléaires.

L'état d'équilibre redox revient après l'intervention de phosphatases, permettant la recomposition structurelle du complexe de départ (cycle complet).

Il existe d'autres modèles biochimiques permettant les modifications structurelles, donc les régulations fonctionnelles au niveau des gènes nucléaires.

L'activation des facteurs NFR2 (nouveaux facteurs de relais) procède de processus cycliques comparables. Les NFR2 forment avec des protéines MAF le dimère NFR2-MAF. Mais aussi ces NFR2 sont liées à des protéines d'ancrage (KEAP1), permettant son arrimage aux filaments d'actine. L'oxydation par les ERO dissocie le NFR2 du KEAP et ainsi libère le NFR2. Celui-ci pénètre le noyau où il se lie alors avec le MAF (intranucléaire). Ce nouvel hétérodimère peut alors activer la transcription des gènes cibles.

Un autre modèle également, celui des protéines Bach (1 et 2). Ainsi le Bach hème subit une oxydation, d'où libération de BACH 1 entraînant la synthèse de l'hème oxydase régulant les concentrations de l'hème. Les métabolites de ces réactions possèdent une activité antioxydante, ce qui permet la régulation redox homéostasique. Mêmes schémas cycliques redox avec Bach 2 dans l'apoptose cellulaire.

3) Cytochrome P450 (variété P1A1 ou CYP1A1)

Lorsque des toxiques et substances xénobiotiques agressent les cellules de l'organisme vivant, un récepteur cytoplasmique, le AhR, induit l'activation de CY-P1A1. Le CYP1A1, d'une part, active la synthèse des ERO qui contrôlent négativement la synthèse du CYP1A1, via le facteur NF1, mais d'autre part, AhR, via le NRF2, active la synthèse des ERO. Ceux-ci activent les gènes de détoxification, transcrivant alors la synthèse des enzymes catabolisant les produits toxiques déjà altérés par les oxydations antipolluantes.

Ainsi, le rôle des ERO dans les détoxifications cellulaires se manifeste de deux façons complémentaires.

1. Ils induisent la synthèse des enzymes catabolisant les toxiques en de multiples produits intermédiaires dégradés (action +).

2. Ils induisent aussi la synthèse d'autres enzymes éliminant les produits toxiques catabolysés (action –).

Ainsi se trouve, là encore, réalisée la régulation et la modulation de l'activité génétique par les ERO et ERA, permettant de maintenir l'équilibre biochimique redox cellulaire, via l'équilibre redox des métabolites structurels et fonctionnels, permettant la physiologie normale des cellules normales de tout organisme vivant.

B. ADN et protéines

1. Régulation de l'ADN

L'analyse de l'effet de rayonnements électromagnétiques ionisants sur l'ADN nécessite des méthodes chromatographiques et des méthodes enzymatiques, permettant de mieux comprendre leurs mécanismes d'oxydation sur les différentes bases d'ADN. Le marqueur biochimique classique actuel correspond à la 8-oxo-desoxyguanosine, provenant de l'oxydation de la base purique/guanine. La guanine représente la cible préférentielle des oxydations, notamment avec un électron, en rapport avec son très faible potentiel d'ionisation. Son niveau basal correspond à une dizaine enviro de lésions pour 10 millions (10^7 !) bases normales d'ADN.

D'où le pouvoir mutagène des différentes lésions d'ADN comme les transversions : G=>C et G=>T, les plus courantes, ou comme les lésions bloquantes de la réparation de l'ADN, pour les ADN polymérases et les lésions dites tandem.

Les études avec des « vecteurs navettes » (simple brin d'ADN) avec des transfections, devraient aboutir à corréler les lésions mutagènes de l'ADN, avec les effets biologiques (à condition d'obtenir des mesures dépourvues de trop forts artefacts !). Trois grandes catégories de lésions oxydatives de l'ADN ont pu ainsi être déterminées par le Comité européen des standards sur les légions oxydatives de l'ADN (cf. Collins, 2004) : ESCODD.

2. Régulation des protéines

Les ERO et les ERA peuvent oxyder les chaînes latérales des acides aminés et en provoquer la nitration d'autres, ou bien aussi les chaînes polypeptidiques, avec des liaisons croisées (inter ou intra catenaires) et/ou fragmentations de ces chaînes. Avec cette oxydation directe peuvent ainsi survenir des oxydations indirectes lors des glyco- et lipo-oxydations : toutes ces oxydations, directes ou non, conduisent aux **composés carbonylés**. Cet ensemble de protéines oxydées non réparables sera catalysé dans le système du protéasome (système de catabolismes cytosoliques).

A. Acides aminés

a) Oxydation

• Notamment les acides aminés soufrés, tels la cystéine ou la méthionine les plus caractéristiques.

De nombreux peptides sont oxydés au niveau de leurs résidus méthionine. Ainsi l'α1-antitrypsine inhibe l'élastase. L'oxydation de l'α1AT au niveau de résidus méthionine l'empêche d'inhiber l'élastase alors incontrôlée et impliquée notamment dans l'emphysème.

• Acides aminés basiques : l'arginine oxydée donne un groupe **carbonyl**. L'histidine en asparagine, en oxohistidine et en acide aspartique. L'oxohistidine possède un groupe carboxyl, de même que la lysine.

• Acides aminés aromatiques : l'oxydation des cycles aromatiques de la phénylalanine, tyrosine, triptophane aboutissent à des dérives oxydés et/ou carboxylés, influençant les processus de signalisation.

b) Nitration

Le monoxyde d'azote (°NO) réagit sans intervention enzymatique avec l'anion superoxyde pour former le peroxy-nitrite : $NO° + O°2^- => ONOO^-$, in vivo, avec sa forme réduite protonée (ONOOH).

En interagissant rapidement avec le CO2, il produit le nitro peroxycarbonate (espèce réactive oxydante et nitrosante), réagissant avec toutes les molécules organiques (lipides, protéines, acides nucléaires et de nombreux antioxydants. Exemple : nitration des tyrosines (avec C02), des méthionines (sans CO2).

Au niveau des protéines, les tyrosine-kinases, ne pouvant être phosphorylées, les voies de signalisation sont alors perturbées. La phosphorylation peut activer les diverses voies de signalisation intracellulaire.

Enfin, de nombreuses enzymes et la MS-oxyde dismutase, l'aconitase, la prostacycline-synthétase, ou encore la créatine-kinase peuvent aussi être ainsi inactivés par nitration. Le rôle des ERA (ERN) apparaît ainsi là encore essentiel.

B. Polypeptides

Le radical hydroxil (°OH) entraîne une cascade de réactions oxydantes aboutissant à des fragments carbonyles.

La glyco-oxydation (ou glycation)
Il s'agit d'une liaison (non enzymatique) entre un glucide simple (ex. glucose) et des groupements d'acides aminés libres d'une protéine. Il peut s'agir d'une glycation précoce

(ou base de Schiff). Lorsque les protéines ont des ½ vies supérieures à ± 4 mois (ex. collagène), les protéines glyquées s'appellent alors les produits d'Amadori et de Maillard.

La lipo-oxydation

Il s'agit d'une liaison (non enzymatique) entre des composés de peroxydation lipidique et des groupements d'acides aminés libres d'une protéine donnant des produits carbonyles, dont les plus connus sont le dialdéhyde malonique (MDA) et le 4 hydroxy 2 nonenal.

c) Les composés carbonylés

Il s'agit essentiellement de structures-fonctions aldéhyde et cétone, provenant de :
• oxydation des acides aminées : arginine, lysine, prolines, thréonine, tryptophane ;
• fragmentation des chaînes polypeptidiques ;
• interaction de certains acides aminés, comme la cystine (riche en résidus), l'histidine ou la lysine, avec des produits de la peroxydation des lipides, tels MDA, HNE ou encore l'acroléine ; et avec des produits de la glyco-oxydation (donnant les protéines glyquées).

Ces produits carbonylés sont ainsi des marqueurs biologiques caractéristiques du stress oxydant. Les techniques utilisées sont des méthodes :
• de spectrophotométries en UV, ou couplées à une CLHP (chromatographie liquide à haute performance), avec des lecteurs de plaques ;
• d'immunochimie (Elisa, Western Blot).

D) L'oxydation des protéines

Elle sert aussi de régulateur de métabolisme tel le fer ou l'oxygène. Lorsque le fer ou l'oxygène sont en quantité suffisante, les protéines régulatrices sont carbonylées, puis ubiquitinylées et dégradées dans le protéasome.

E) Processus de réparation des acides aminés oxydés

Exemple

La méthionine sulfoxide réductase (MSR) est présente dans toutes les cellules humaines, sa séquence est d'ailleurs très stable (ex. 90 % celle du bœuf = celle de l'homme) et cet enzyme est très spécifique du sulfoxide de méthionine.

La MSR correspond à une fonction antioxydante, via le cycle redox de la méthionine : elle répare les dommages protéiniques dus à l'oxydation des résidus méthionine ; elle régule l'activité des la CAL-moduline, qui peut activer la CA ATPase membranaire, maintenant une concentration calcique cellulaire. Elle régule aussi l'activité des canaux du potassium $K+$ intracellulaire.

F) La dégradation des protéines

Celles-ci ne sont pas réparables, contrairement aux acides aminés. La dégradation se réalise, soit dans le milieu extracellulaire après endocytose (par phagocytose), dans les lysosomes ; soit dans le milieu intracellulaire, grâce au protéasome.

• Le protéasome se trouve dans le cytoplasme et le cytosquelette, dans le réticulum endoplasmique cellulaire et dans les noyaux de toutes les cellules de l'organisme. Il s'agit d'un ensemble de protéases dégradant spécifiquement les protéines dégradées.

Sous l'action de multiples enzymes protéolytiques, les protéines sont hydrolysées en une variété de peptides avec des ATP. De plus, non seulement le protéasome catalyse les protéines oxydées, mais il élimine des protéines dysfonctionnelles, produisant des anomalies génétiques, dites encore post-transcriptionnelles.

• Mais le protéasome intervient aussi dans des fonctions cellulaires essentielles :

1) Activation du facteur nucléaire de transcription (NFKB) par inhibition de son inhibiteur (IKB).

2) Synthèse des protéines de classe I, du complexe majeur d'histocomptabilité (CMH), reconnus par les lymphocytes T, essentielle pour les greffes d'organe.

3) Elimination de produits toxiques avec ponts inter et intracellulaires, par cascades d'oxydations protéiques.

4) Régulation de nombreuses voies métaboliques.

C. Lipides

Après actions radicalaires, les phospholipases vont libérer des acides gras polyinsaturés (AGPI), des phospholipides des membranes cellulaires. Ensuite, les lipooxygénases, notamment les isomères 3, 12 et 15 vont catabolyser ces AGPI en leucotriènes, en acides mono- et di-hydropéroxy-eicosatétraénoïques. Mais d'autres voies métaboliques conduisent à des prostaglandines et à du thromboxane. D'autres voies non enzymatiques conduisent des iso-prostanes.

Certains de ces produits évoluent en hydroperoxyde, puis en produits carbonylés (ex. alkenals ou encore le di-aldéhide malonique).

Pour les esters de ces AGPI, comme le cholestérol, l'oxydation se réalise avec l'acide hypo-chloreux : formation des oxystérols (chlorhydrine et hydroxy-cholestérol).

Lorsque le monoxyde d'azote agit sur les phospholipides membranaires, il se produit une nitration (formation de nitrites et de nitrates), puis une formation d'oxystérols également.

Ces produits carboxylés et d'oxystérols évoluent vers des LDL impliqués dans l'athérosclérose.

D. Glucides

Trois voies métaboliques peuvent réguler la glycémie via les lactates, via les pentoses ou enfin par la voie du sorbitol. En cas de dérégulation se produisent soit une voie oxydante : formations de glyoxal, de méthyl-glyoxal, de pentosidines ou de carboxy-méthyl-lisine ; soit une voie non oxydante : formations de désoxy-glucosone, désoxy-glucosone-lisine et de pyrallines.

Ce sont des protéines glyquées.

II. VIEILLISSEMENTS NORMAUX ET PATHOLOGIQUES

1. Définition

Tout être vivant naît, se développe et disparaît dans un environnement (air, eau) qui agit continuellement sur toutes les structures et fonctions où se trouvent des glucides, des lipides, des protéines et l'ADN. Cela signifie qu'un environnement favorable autorisera une croissance et un vieillissement normaux et que plus un environnement sera hostile (pollutions multiples), plus le développement et le vieillissement seront perturbés et conduiront aux maladies chroniques, dont les génétiques. Les altérations concernant les générations antérieures peuvent se retrouver dans les diverses générations (hérédité directe et atavisme indirecte).

Cette conception de l'organisme vivant intimement lié à son environnement permet de concilier fort rationnellement les deux théories, apparemment opposées :
1. celle des déterminismes héréditaires relevant ainsi des actions du génome : « patrimoine héréditaire génétique » ;
2. ou stochastiques ou « aléatoires », et qui relèvent ainsi de la théorie chimique radicalaire, associant génome et protéome.

En réalité, non seulement ces deux concepts ne se contredisent pas, mais permettent une approche sûrement plus véritable des processus de développement et de vieillissement. Rappelons les expériences physico-chimiques primordiales de Max Delbrück et Alexander Timofeev-Zenovski à Berlin, entre 1930 et 1940 environ. Il semble que dans toute cette « complexité multifactorielle », l'explication la plus valable des processus physico-chimiques de la biologie moderne nécessite de privilégier nettement la séquence d'événements suivants : environnements, milieux intérieurs, milieux extracellulaires, puis intracellulaires. Ainsi, le développement, la maturation et le vieillissement s'enchaînent logiquement. L'hypothèse chimique radicalaire dérive des travaux du chimiste et médecin biologiste, D. Harman, v. 1956, privilégiant l'influence essentielle du milieu extérieur (environnement) sur les patrimoines héréditaires (ou génétiques) (article princeps[1]).

---

[1] *Aging : a theory based on free radical and radiation chemistry, J. Gerontol, 1956,11, 298-300.*

Après quelques années de critiques et de doutes (nécessaire à toute nouvelle théorie scientifique), les travaux sur la chimie radicalaire et ses radicaux libres se sont considérablement multipliés, au point de créer une toute nouvelle discipline scientifique, appelée la chimie des radicaux libres ou chimie radicalaire.

Celle-ci repose d'ailleurs sur le concept physicochimique des couples redox oxydation-réduction (oxydants-réducteurs antioxydants). Lorsque l'équilibre interne (homéostasie chimique) est respecté, les processus sont normaux, « physiologiques ». Mais lorsqu'un déséquilibre se produit en faveur des processus oxydants, se manifestent alors des phénomènes physico-pathologiques (anormaux) pour les maladies chroniques.

Ainsi, l'équilibre d'oxydoréduction **redox** permet le fonctionnement normal du métabolisme cellulaire de tout organisme vivant. Le vieillissement résulterait, selon la théorie chimique radicalaire, de la conséquence des multiples stress oxydants (ou stress oxydatifs) se déroulant dans l'existence. Les rôles des ERO, des ERN et de divers composés pro-oxydants consiste à **moduler la régulation** de toute la machinerie chimique, complexe tant structuralement que fonctionnellement. Les divers et brefs déséquilibres redox correspondent à des **signaux** intra et extracellulaires d'informations chimiques, permettant le métabolisme cellulaire normalement. Mais lorsque la production, externe et/ou interne, des oxydants dépasse celle des réducteurs (ou antioxydants), la régulation du couple redox devient anormale, les réducteurs ne pouvant plus alors contrôler l'agression oxydative, soit par des enzymes comme les catalases, les GPX ou les SOD, soit par des vitamines (E, C, provitamine A) ou les GSH (glutathions).

2. Espérance de vie maximale (EVM)

La chaîne respiratoire mitochondriale joue un rôle essentiel : en effet, plus la production d'ERO augmente, plus l'EVM diminue.

3. Restriction calorique (RC)

Le RC diminue le métabolisme respiratoire mitochondrial (notamment la RC protéique) et abaisse la concentration des AG insaturés membranaires (cibles des ERO), diminue l'activité des NFKB et AP1, facteurs de transcription (NFKB active des règnes codant les chimiokines, les protéines d'adhésion et AP1 désigne un ensemble de protéines oncogènes qui interviennent dans les inflammations non spécifiques et dans la multiplication et la différenciation cellulaires. La RC diminue l'EGF (*épithélial growth factor*), **modulant** des kinases intervenant dans les processus de prolifération et d'apoptose cellulaire.

Enfin, des protéines de choc thermique protègent non seulement du stress oxydant, mais aussi du stress thermique. Leur action dépend aussi de la restriction calorique.

4. Télomères, télomérases nucléaires, protéasome

Leur rôle dans les processus de régulation métabolique normaux et du vieillissement apparaissent essentiels.

5. Antioxydants

La supplémentation thérapeutique ou préventive par les antioxydants nécessite de prendre en compte la notion de dose seuil, sachant que les ERO, come les ERN, réalisent, dans les conditions physiologiques normales, les fonctions d'information de modulation régulant les fonctions métaboliques normales : prolifération (par multiplication cellulaire), différenciations cellulaire et tissulaire et destruction programmée des cellules anormales (apoptose).

III. DYSREGULATIONS METABOLIQUES : SOURCES DES MALADIES CHRONIQUES DE CIVILISATION INDUSTRIELLE

Lorsque les signalisations intra et/ou intercellulaires perturbées engendrent des dérégulations des métabolismes biochimiques cellulaires, les répétitions ou la chronicité engendrent des lésions au niveau des groupes de cellules, donc des tissus composant les organes. Ce sont des **dysplasies** associant des altérations, tant structurelles des organites cellulaires de toutes la cellule et des groupes de cellules que leur fonctionnement.

La dérégulation de l'harmonie métabolique des radicaux libres correspond donc au stress oxydant (ou encore stress oxydatif). Celui-ci engendrera à son tour des dysfonctionnements physiologiques, puis des signes cliniques concourant aux maladies chroniques de civilisation industrielle.

A. Maladies chroniques

1. L'athérosclérose

Maladie artérielle résultant de divers facteurs tels que l'hypertension artérielle, l'hyperglycémie, l'hyperlipoprotéinémie (LDL). Les facteurs d'hygiène alimentaire (régimes trop salés, trop gras, trop sucrés), l'alcoolémie, le tabagisme et la sédentarité sont ceux qui contribuent à la maladie artérielle ainsi qu'aux insuffisances cardiaques (arythmies et myopathies). Le facteur synthétique de l'athérosclérose résulte donc des agressions répétées du stress oxydant où les radicaux libres des espèces réactives de l'oxygène et de l'azote jouent un rôle essentiel. L'oxydation des LDL conduit aux dépôts lipoprotéiques (stries lipidiques) dans les cellules endothéliales de l'intima vasculaire qui s'hypertrophient, tandis que les cellules musculaires lisses (leiomyocytes) de la média vasculaire se multiplient : d'où une vasomotricité moins souple (durcissement : sclérose ou fibrose, elle-même résultant des inflammations), avec la participation des monocytes macrophages, puis des lymphoplasmyocytes avec les protéines d'adhésion et d'inflammation où se trouvent des enzymes métaboliques.

Cet ensemble conduit aux plaques athéromateuses. Celles-ci peuvent ensuite se calcifier, se nécroser, d'où les accidents vasculaires (thromboses, embolies). Les stries lipidiques surviennent avant 30 ans, les dysfonctionnements avec les plaques après 45 ans et les complications vers 50-55 ans.

Chimie radicalaire et athérosclérose

Dans les pays industrialisés, cette inflammation chronique de l'intima endothéliale (endothélite chronique vasculaire) des grosses et moyennes artères détermine des accidents cardiaques et cérébraux, une des premières causes de mortalité (avec les cancers) dans ces pays industrialisés. Les surproductions des espèces réactives de l'oxygène (ERO) avec l'oxydation des lipoprotéines de basse densité (LDL) engendrent la cascade de réactions inflammatoires chroniques, origine de l'athérosclérose (ou fibrose artérielle).

Origine des ERO : environnement, vieillissement, tabagisme, alcoolisme, diabète, hyperglycémie, triglycérides et hyperlipidémie (LDL), hypertension artérielle.

Les ERO impliqués sont essentiellement les suivants.

- Radicaux libres : hydroxyles (HO°), alkoxyle (RO°), peroxyle (RO°2)
    - Enzymes : xanthine oxydase, lipooxygénase, 8 NADP (H) oxydases
    - Anion superoxyde (O°2) : enzymes de la chaîne respiratoire mitochondriale
    - Oxydes nitriques °NO) : oxydases des peroxydases

- Radicaux pro-oxydants avec participation des métaux de transition et de myelo-peroxydases
    - Hydroperoxydes (ROOH)
    - Peroxyde d'hydrogène (H2O2) (eau oxygénée)
    - Acide hypochloreux (HOCL)
    - Peroxnitrite (OONO-)

- Les antioxydants (ou réducteurs) sont les suivants (anti-ERO)
    - HO° $\neq$ glutathion peroxydase
    - RO_ $\neq$ glutathion réductase
    - RO°2 $\neq$ glutathion réductase
    - O2° $\neq$ catalase, superoxyde dismutase
    - °NO $\neq$ anti-NO, vitamines E, C, A

- Les antioxydants (ou réducteurs) des pro-oxydants sont les suivants : ubiquinol, glutathion, provita.

Schéma des sources et cibles moléculaires des radicaux libres

HTA, facteurs de croissance plaquettaires, thrombine, angiotenseur, hyperglycémie, lipoprotéines de basse densité (LDL) oxydées

Xanthine-oxydases, lipo-oxydénases, NADPH-oxydases, chaîne respiratoire mitochondriale (transport de E-) et NO synthétases

Espèces réactives de l'oxygène (ERO)
(HO, RO, RO2, O2, NO) (ROOH, H2O2, HCL, OONO)

Activation des kinases   Désactivation des phosphatases
(ERK, JNK, MAPK)   (tyrosine phosphate)

Facteurs de transcription (NFKB, AP1, STAT1)
Gènes codant des kinases de protéines d'adhésion et d'inflammation
et facteurs de prolifération

          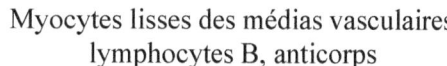

Cellules endothéliales   Myocytes lisses des médias vasculaires
(des intimas vasculaires)   lymphocytes B, anticorps
monocytes-macrophages

Fibro (sclérose) calcification, apoptose et nécrose

Hyperglycémie (ex. diabète « sucré »)

L'excès de sucre sanguin se combine à l'angiotensine II pour stimuler des kinases (protéine kinases).
Celles-ci, à leur tour, stimulent la production de :
la NO synthétase
la NADPH-oxydase
la cyclo-oxygénase (2)

La NO synthétase engendre le monoxyde d'azote. Celui-ci, sous l'action de l'hydroxyde (°OH) et du peroxyde d'hydrogène (eau oxygénée), conduit au peroxynitrite (ONOO-).

La NADPH oxydase engendre le superoxyde qui conduit aussi au peroxynitrite. Ce peroxynitrite entraîne alors l'oxydation des LDL et la nitrosylation des protéines.

La cyclo-oxygénase (2) entraîne de son côté, d'une part l'activation du thromboxane, et d'autre part, la diminution de la prostacycline (en inhibant les prostacycline synthétase).

Principaux lipides et protéines impliqués

Esters de cholestérol : 1 600, et cholestérol non estérifié : 600.
Phospholipides : 700 ; triglycérides : 100

Les principaux acides gras saturés et insaturés (sous forme d'esters de cholestérol, phospholipides, triglycérides)
Acides linoléiques : 1 100 – Palmitique : 700 – Oléique : 450
Acides arachidonique : 150 – Stéarique : 150 – Myristique : 70
Acides palmitoléique : 50 – Docosahexaénoïque : 20

Total des acides gras totaux
Saturés : 1 400
Insaturés : 1 300
Total : 2 700

+ 1 particule d'apolipoprotéine B

Produits d'oxydation des LDL

1. Lipides
Après la consommation des antioxydants contenus dans la particule de LDL se produit l'oxydation, avec :
a) oxydation des acides gras polyinsaturés
b) diènes conjugués et produits d'oxydation
Hydroperoxydes de phospholipides et d'esters de cholestérol
Oxystérols (7-ceto et 25 hydroxy-cholestérol)
Isoprostane (8 iso PGF 2α)
Phosphalipide oxydé et lysophosphatidyl choline

2. Apolipoprotéines B
Carbonylation, fragmentations et oxydations des acides aminés (histidine, tyrosine, tryptophane)

L'ensemble aboutit à la formation de produits de décomposition (adduits ou accolements) entre le NH2 de la lysine : hydroxynonenal et le dialdéhyde malonique.

Lipoprotéines de haute densité HDL formées de :

½ lipides, esters de cholestérols et phospholipides

½ protéines, Apo-lipoprotéines (A, E, C) et des transférases d'estérification du cholestérol

Ces HDL contenant des enzymes, telles que les paraoxonases et acétylhydrolases du facteur activant des plaquettes, possèdent trois caractéristiques essentielles anti LDL (athérogènes) :

- propriétés antioxydantes
- propriétés anti-inflammatoires
- transport du cholestérol : foie.

2. Maladies auto-immunes (ostéo-articulaires et cutanées)

Les stress, oxydant et nitrosant, interviennent de façon importante dans les maladies inflammatoires et auto-immunes, telles que l'arthrite (ex. polyarthrite rhumatoïde), l'arthrose ainsi que les lupus érythémateux et la sclérodermie.

a) La polyarthrite
L'hypoxie intra-articulaire entraîne une baisse de synthèse d'ATP, une augmentation du calcium avec l'activation des lipases et des protéases, puis des ATPases. La xanthine oxydase entraîne des accumulations de catabolites de l'adénine, de l'hypoxanthine et de la xanthine, réactions engendrant les ERO. Il en est de même pour les métabolites (nitrates et nitrites des ERN ou ERA).

Ces processus métaboliques impliquent les cellules endothéliales des capillaires synoviaux, ainsi que les synoviocytes, où les synthèses de protéines d'adhésion intercellulaire (ICAM) facilitent le flux des lymphocytes T, des monocytes macrophages et des polynucléaires neutrophiles. L'afflux de ces cellules sanguines immunitaires s'accentue avec la sécrétion des cytokines synoviocytaires : IL (1B) interleukine et TNFα (facteur de nécrose tumorale).

Ainsi, des complexes immuns s'accumulent dans le liquide synovial articulaire et la matrice extracellulaire du cartilage. L'acide hyaluronique se trouve oxydé par les ERO, de même, la partie protéique du cartilage, protéoglycane, collagène et d'autres protéines oxydées produisent des catabolites diminuant les fonctions articulaires. Il en est de même pour les immunoglobulines modifiées se fixant aux facteurs rhumatoïdes et du complément. Enfin, l'ADN des lymphocytes périphériques se trouve altéré : augmentation de la 8 oxo deoxyguanosine, cible privilégiée également des ERO.

b) L'arthrose

L'atteinte traumatique et inflammatoire focale du cartilage articulaire s'accompagne d'une hypertrophie fibreuse (ou scléreuse) de l'os sous-chondral, avec l'augmentation de synthèse des protéoglycanes ainsi que du collagène, la matrice cartilagineuse se détruit, en augmentant à son tour la synthèse de protéases (métalloprotéases). Ensuite, la membrane synoviale génère des cytokines pro-inflammatoires (IL1, IL6, TNFα...) qui activant les métalloprotéases, accentue encore la destruction cartilagineuse. L'activation des chondrocytes des synoviocytes, des endothéliocytes entraîne celle des cellules phagocytaires (monocytes, macrophages) et la synthèse des ERO via la xanthine déshydrogénase et la cyclo-oxygénase (2).

La production de ces radicaux libres génère la destruction plus ou moins complète de la matrice extracellulaire du cartilage (90 % sont des glycanes (chondroïtine et keratine-sulfates).
Les ERN conduisent aussi à la destruction des cartilages.

c) Le lupus érythémateux

Il résulte d'une inflammation réalisée par des complexes immuns d'ADN (double brin) et d'anticorps. Ces agrégats protéiques induisent des monocytes macrophages produisant des ERO augmentant les processus inflammatoires et auto-immuns. Les cellules endothéliales vasculaires et les kératinocytes produisent aussi des ERN.

d) Le sclérodermie

Endothélite vasculaire, limitée à la peau ou disséminée aux organes cardiovasculaires, pulmonaires ou rénaux. Les cellules endothéliales, les cellules fibroblastiques augmentent alors la synthèse du collagène, responsable de la sclérose (fibrose), au niveau des vaisseaux cutanés (cf. formes digitales dites de Raynaud), et au niveau des vaisseaux du cœur, rénaux ou pulmonaires. Ces ischémies vasculaires entraînent la production des ERO, avec synthèse des protéines d'adhésion (ICAM), entraînant à leur tour l'activation des cellules immunitaires (monocytes macrophages, lymphocytes, polynucléaires).

La peroxydation lipidique, notamment de l'acide arachidonique, entraîne la synthèse d'isoprostanes et de LDL oxydés. L'activation d'adénosine désaminases entraîne des altérations de l'ADN (mutations chromosomiques). Il faut là encore souligner le rôle des ERN synthétisés par les cellules endothéliales vasculaires sensibles aux phénomènes d'ischémie répétés.

3. Maladies neurodégénératives

a) Maladie de Parkinson

Les maladies neurodégénératives sont liées au vieillissement. L'oxydation des ADN, des protéines et des lipides résulte, selon les modèles expérimentaux, de dysfonctionnement de la chaîne respiratoire des mitochondries, de l'inflammation et de la toxicité du monoxyde d'azote (ou oxyde nitrique, °NO).

Des facteurs génétiques (inférieurs à 3 %) et endogènes peuvent entraîner aussi des réactions auto-immunes, l'ischémie cérébrale associée à l'inflammation aigue. Des facteurs environnementaux (toxiques industriels, herbicides, pesticides, métaux lourds) interviennent dans la plus grande majorité des cas.

Dans l'exemple de la maladie de Parkinson se produit une augmentation de synthèse de dopamine dans les neurones nigraux, ainsi qu'une formation de radicaux libres. Ceux-ci proviennent de la désamination de la dopamine, par les mono-amino-oxydases. L'auto-oxydation du neurotransmetteur inhibe l'activité mitochondriale. D'où augmentation de la 6-OH dopamine et du fer libre, à partir de la ferritine. En même temps s'abaissent les défenses réductrices (donc antioxydantes).

La désamination (par les mono-amino-oxydases) de la dopamine donne la 3-4 dihydroxyphényl acétaldéhyde et la production de peroxyde d'hydropone (H_2O_2 ou eau oxygénée). La dopamine peut s'auto-oxyder et ainsi donner des quinones, H_2O_2 et la neuromélanine entraînant la dégénérescence nécrosante du locus niger. La réaction de °NO avec le O_2 conduit aussi au peroxynitrite, très toxique pour l'ADN, entraîne, avec la déplétion énergétique en ATP mitochondrial, une nitration des protéines et une peroxydation lipidique, l'ensemble conduisant à la destruction des neurones.

b) Maladie d'Alzheimer

Deux tiers des démences séniles relèvent de la maladie d'Alzheimer. Les formes génétiques et familiales ne représentent qu'environ 1 %. Le stress oxydant entraîne la formation de plaques, de neurofibrilles et des pertes synaptiques irréversibles.

Les lésions de la maladie d'Alzheimer

1) L'oxydation des ADN et ARN entraîne la synthèse de produits cataboliques tels la 8-hydroxy 2 desoxyguanosine (8OHdG), 8-hydroxyguanosine (8OHG), la 8-hydroxy 2 desoxy-adénine et la 5-OH-uracile. La 8OHdG est également augmentée dans les lymphocytes. L'expression de protéines cérébrales (ERCC 2 et 3) permettant la réparation de l'ADN est plus élevée.

2) L'oxydation des protéines
Les acides aminés tels l'arginine, l'histidine et la lysine sont les plus atteints. La protéomique montre que les oxydations protéiques intéressent :
   – la créatine kinase (CK) entraînant la baisse de la synthèse de l'ATP ;

- la ß-actine du cytosquelette neuronal ;
- la glutamine synthétase (GS) ;
- l'ubiquitine carboxyl hydrolase (UCH).

Enfin, l'oxydation des protéines peut provoquer leur nitration et donner des 3-nitrotyrosines.

L'apolipoprotéine E (transport du cholestérol) aboutit au 4-hydroxy-nonenal (4HNE) et à l'aldéhyde malonique (ALM).

3) La (per)oxydation lipidique
Les acides gras polyinsaturés (AGPI) conduisent à 2 aldéhydes : 4-hydroxynonénal (4HNE) et dialdéhyde malonique.

L'acide arachidonique oxydé conduit aux isoprostanes. Les microtubules cellulaires et les neurones ne peuvent conserver leur structure fonctionnelle.

NB. Les réducteurs (ou antioxydants) utilisés contre les dégénérescences neuronales sont :
- monophénoliques : vit. E, oestradiol, sérotonine, dérivés de la tyrosine (endogènes) ;
- polyphénols, flavonoïdes, hydroquinones et stilbènes, anthocyanes, carboxy-fullerènes, extrait de ginkgo biloba.

Ces produits antioxydants agissent essentiellement en prévention, aux stades précliniques.

4. Les cancers

Les cancers représentent actuellement (2015) la première cause de décès dans les pays industrialisés (Europe, Amérique du nord et Asie), avec l'athérosclérose.

Si de nombreux facteurs génèrent les maladies cancéreuses, le rôle des ERO et ERA apparaît primordial à tous les stades des cancers. Tous les facteurs de pollution de l'environnement génèrent des ERO et ERA (produits physiques, chimiques, infectieux : les radiations électromagnétiques, dont les UV, herbicides, pesticides, goudrons, hydrocarbures polyhydriques, particules, fumées de cigarettes (contenant plus de 150 molécules connues oxydantes), alcoolémie, hygiène alimentaire déplorable, microbes, xénobiotiques, etc.).

Les processus métaboliques cancérogènes peuvent se dérouler selon les diverses modalités suivantes.

Les ERO/ERA vont oxyder des composés environnementaux, d'abord inertes, en produits intermédiaires. Ces composés sont d'ailleurs convertis en substances oxydantes par des enzymes (I) oxydantes (phase d'activation).

Dans une deuxième phase, dite d'expulsion, des enzymes (II) transférases vont activer des antioxydants tels le glutathion (via les glutathion-transférases) ou l'acide glucuronique (via les glucuronyl-transférases). Dans une autre voie métabolique, dès leur activation, certains produits toxiques peuvent, libérer des radicaux oxydants, après action de cytochrome (P450). Ainsi, les dérivés phénoliques ou aminés, ou encore les hydrocarbures aromatiques polycycliques (ex. benzopyrène). L'éthanol (boissons alcoolisées) génère des radicaux oxydants tels des hydroxyéthyles. L'ozone, les fumées de tabac ou encore l'amiante (riche en fer, avec des fibres libres) stimulent la production d'ERO par les monocytes macrophages, notamment ceux des alvéoles pulmonaires.

Une alimentation trop riche en glucides (sucres rapides) et en lipides (fritures) favorise les oxydations mitochondriales.

Des substances telles que le cadmium et le mercure font baisser l'immunité par consommation des produits antioxydants.

L'intervention d'une agression oxydante (stress oxydant) se manifeste par l'augmentation de métabolites provenant des oxydations par les ERO/ERA, mais aussi par l'effondrement des défenses réductrices (ou antioxydantes).

De nombreux catabolites peuvent se retrouver dans les phases précancéreuses ou dysplasiques (prévention).

Lors du développement des cancers, certains enzymes antioxydants sont augmentés, en réaction aux attaques oxydantes répétées par les cellules cancéreuses.

Simultanément, les antioxydants tels les vitamines (E, C, A), les oligoéléments (zinc, sélénium) sont progressivement diminués par les agressions oxydatives accompagnant les développements cancéreux.

5. Les mutations

Les oxydations répétées des ERO/ERA et notamment le radical hydroxyle altèrent l'ADN et provoquent les lésions suivantes :

1. Oxydation des bases, surtout la guanine, dont le produit catabolite, marqueur type de lésion d'ADN est la 8 oxo 7-8 deshydroguanine (8 OXO DG).
2. Sites A-basiques (destruction des bases)
3. Cassures des chaînes d'ADN ou brins d'ADN
4. Adduits par pontages

Ainsi, des lésions actives des systèmes de réparation de l'ADN :
1. par excision des bases (BER) lésées,
2. par excision des nucléotides lésés,
3. par recombinaisons homologuées,
4. des mésappariements des bases,

5. des cassures des doubles brins (chaînes d'ADN) non homologués.

Ainsi, les mutations induites par des oxydations répétées se produisent lorsque l'excès des lésions oxydantes et/ou les processus métaboliques de réparation défaillants ne permettent plus la restitution structurelle normale, et donc fonctionnelle, de l'ADN des gènes nucléaires. De même, la P53, alors plus atteinte, ne peut plus réaliser l'activation des caspases (apoptose des cellules trop lésées).

Des dysfonctionnements des séquences d'ADN (codantes et régulatrices), transcriptions, post-transcriptions, altérées par perturbation ou destruction des gènes (activateurs ou suppresseurs), entraînent un dérèglement homéostasique (donc de l'équilibre redox).

6. Immunité antitumorale

Chaque jour sont éliminées des cellules cancéreuses grâce aux monocytes macrophages, aux cellules dendritiques et aux lymphocytes cytotoxiques, NK.

Mais ces cellules immunitaires sont également affectées par les ERO/ERA, donc par des agressions oxydatives répétées. Si des vitamines (E, C, A) et des oligoéléments peuvent augmenter leur résistance aux ERO/ERA, ces mêmes substances antioxydantes (ou réductrices) améliorent également la résistance des cellules cancéreuses.

7. Apoptose

La mort programmée de cellules anormales, dont les cancéreuses, se trouve facilitée par l'action des ERO/ERA. Ceux-ci ouvrent des mégacanaux des mitochondries, libérant le cytochrome C, qui active les caspases (caspase 9), le calcium, le radical superoxyde ($O_2°-$) et le radical peroxyde d'hydrogène (H_2O_2), (contrairement à la protéine BCL2 qui maintient les canaux des mitochondries fermés). L'ouverture des canaux mitochondriaux par les ERO/ERA provoque l'apoptose.

8. Télomérases

Les ERO/ERA oxydent les télomérases, empêchant le rajeunissement anormal de ces extrémités chromosomiques. Ainsi, les cellules vont soit subir l'apoptose, soit entrer dans le cycle de différenciation et vers le vieillissement habituel pour chaque cellule de l'organisme.

9. Thérapies cellulaire et génique

Les thérapies cellulaires et géniques, avec notamment les études sur les cellules souches ou embryonnaires sont en pleine évolution.

B. Prévention des cancers

La supplémentation en vitamines ne semble pas présenter une efficacité réelle dans les cancers déclarés cliniquement, mais éventuellement dans le cadre de prévention chez les populations déficitaires en vitamines. En ce qui concerne les oligo-éléments, le rôle du sélénium apparaît plus intéressant, selon les études. Cependant, les données statistiques se sont très souvent révélées inexactes, compte tenu de l'hétérogénéité des groupes étudiés, et selon les combinaisons et les doses d'antioxydants administrées. Au total, seule une alimentation équilibrée, riche en fruits et en légumes, riche en fibres, en phytates (extraits de plantes) et composés indoliques (polyphénols) permet d'obtenir une véritable prévention efficace. Il faut toujours considérer la notion capitale de dose-seuil qui, selon les concentrations, permet de réaliser des effets paradoxaux et contraires aux résultats espérés.

L'importance des dysplasies consiste à réaliser efficacement une véritable prévention pré-tumorale (et non pas seulement une détection plus ou moins précoce des cancers…). Ce modèle est à développer avec l'étude des ERO/ERA (donc de la chimie radicalaire) car il s'agit d'un extraordinaire modèle expérimental.

La biologie radicalaire démontre, tant dans les processus de vieillissement que dans les processus morbides des grandes maladies chroniques, qu'il existe une évolution lente ou rapide entre les premiers dérèglements physicochimiques révélés par la biochimie radicalaire, la biologie moléculaire et les dérèglements biochimiques, donc physiologiques, puis aux niveaux cellulaires et leurs regroupements cellulaires en tissus.

Or, ces dysplasies évoluent, soit vers la régression, la stabilisation, soit vers la cancérisation en raison de certaines anomalies structurelles et fonctionnelles des gènes procancéreux qui alors l'emportent sur des gènes anticancéreux. Mais comme l'a bien démontré le séquençage du génome humain, achevé il y a dix ans (2004), seuls les processus biochimiques radicalaires expliquent rationnellement les fonctionnements physicochimiques par la régulation radicalaire.

IV. CONCLUSIONS (2016)

La biochimie radicalaire doit permettre de réels progrès, tant scientifiques que techniques, dans tous les domaines de la biologie moderne, étant donné que déjà, cette BCR synthétise les acquis des disciplines scientifiques et techniques provenant de la physique et de la physicochimie quantiques. Mais elle devra aussi s'appuyer sur des **modélisations** mathématiques, du déterminisme et de l'aléatoire, de la thermodynamique dite non linéaire, concernant la construction de structures biologiques complexes (neurocérébrales et cancéreuses notamment), et bien sûr, des **nanotechnologies** (tant de miniaturisation que de monumentalisation), afin de réaliser d'authentiques avancées scientifiques et techniques.

Cycles logiques d'innovations créatrices de progrès réels

Enseignement	←→	Recherches
↕	Nanotechnologies	↕
Modélisations	←→	Expérimentations

ASSOCIATION HILDEGARDE

Association pour le développement de la biologique quantique via les groupes d'ingénierie

BIBLIOGRAPHIE

Chimie quantique

P. Chaquin, Manuel de chimie théorique, éd. Ellides, Paris, 2000.
C. Millot, Chimie quantique, éd. Dunod, Paris, 2000.
P. Arnaud, Cours de chimie physique, éd. Dunod, Paris, 1991.
Z. Todres, Organic Ion Radicals, Chemistry and applications, éd. Bekker, 2003.
M. Davis, Biochim Biophys, Acta, 1703, 93-109, 2005.

Biochimie

B. Halliwell & ?? Guiterd ??, Free radical in biologie (and médecine), Oxford, éd. Clarendon, 1986.
Biologie moléculaire de la cellule, éd. Flammarion, 2004.
W. Droge, Free radicals in the physiological content of cell fonctions, Phys Rev., 82-47-95, 2002.

Bioélectronique

R. Cannenpasse-Riffard & J.-M. Danze, Précis de bioélectronique (selon L.C. Vincent), éd. Marco Piettelir / Emburg, Belgique, 2001.

Physique quantique

Jean-Louis Basdevant, Mécanique quantique, problèmes, cours à l'Ecole polytechnique, éd. Ellipses, 2000.
Roland Omnes, Comprendre la mécanique quantique, EDP Sciences, 2000.

Physicochimie quantique

E. Cances, Laser & chimie, « Du rêve à la réalité », La recherche, 03/2001, p. 38.
G. Turinici, Physical Revue EJO, 016704, 2004.

Nanotechnologies

Aigouy L., De Wilde Y., Frétigny C., Les nouvelles microscopies, à la découverte du nanomonde, Ed. Belin, Paris, 2007.
Joaquim C., Plévert L., Nanosciences, la révolution invisible, éd. Le Seuil, Paris, 2008.
Luzeaux, D., Pulg T., A la conquête du nanomonde, Ed. Lefélin, Paris, 2007.
Moret R., Le nanomonde : des nanosciences aux nanotechnologies, éd. Cnrs, Paris, 2006.
Nouaichat A., Introduction aux nanosciences et aux nanotechnologies, éd. Hermès-Lavoisier, Paris, 2007.
Sargent T., Bienvenue dans le nanomonde, éd. Dunod, Paris, 2006.
Waldner J.-B., Nanoinformatique et intelligence ambiante. Inventer l'ordinateur du XXIe siècle, éd. Hermès-Lavoisier, Paris, 2007.

Biologie radicalaire

Anderson M. Staal F., Gitler, Herzenberg L., *Separation of oxidant-iniciated and redox regulated steps in the NFkB signal transduction pathway,* Proc. Natl. Acad. Sci., USA, 1994, 91, 11527-11531.

Barouki R., *La cellule stressée*, Médecine-Sciences, 1999, 15, 1359-1361.

Bauerle P., Baltimore D., *NFkB: ten years after*, Cell, 1996, 87, 17-20.

Beckman K., Ames B.N., *Oxidative Decay of DNA*, 1997, J. Biol. Chem., 272, 19633-19636.

Brown N. Lee M., *Biochemistry and molecular cell biology of diabetes complication*, Nature, 2002, 414, 813-820.

Cerruti P., *Prooxidant State and Tumor Promotion*, 1985, Science, 277, 375-381.

Delattre Jacques, Beaudeux Jean-Louis, Bonnefont-Rousselot Dominique, Radicaux libres et stress oxydant : aspects biologiques et pathologiques, edition EMI Tec & Doc, Lavoisier, Paris, 2005.

Dröge W., *Free radicals in the physiological control of cell function*, Physiol. Rev., 2002, 82, 47-95.

Finkel T., *Oxidant signals and oxidative stress*, Curr. Opin Cell Biol., 2003, 15, 247-254.

Finkel T., Holbrook N.J., *Oxidants, oxidative stress and the biology of ageing*, Nature, 2000, 488, 239-247.

Finkel T., *Oxygen radicals and signaling*, Curr. Opin. Cell. Biol., 1998, 10, 248-253.

Hirota K., Murata M., Sachi Y., Nakamura H., Takeochi Y., Mori, Yodoï J., *Distinct roles of thioredoxin in the cytoplasm and in the nucleus: a two step mechanism of redox regulation of transcription factor NFkB*, J. Biol. Chem, 1999, 274, 27891-27897.

Irani K., Xia Y., Zweier J., *Mitogenic signaling mediated by oxidants in RAS-transformed fibroblasts*, Science, 1994, 275, 1649-1651.

Morel Y., Barouki R., *Influence du stress oxydant sur la régulation des gènes*, Médecine-Sciences, 1998, 14, 713-721.

Pani G. Bedogini B., Colavitti R., Anzevino R., Borrello S., Galeotti T., *Cell compartmentalization in redox signaling*, IUBMB Life, 2001, 52, 7-16.

Pennisi E., *Superoxides relay RAS protein's oncogeny menage*, Science, 1997, 275, 1567-1568.

Pombo C., Bonventre, Molnara N., Kyriakis J., Forele T., *Activation of human ste 20 like kinase by oxidant stress defines a novel stress response path way*, 1996, Embo Y., 15, 4537-4546.

Rigacci S., Lantomasi T., Marraccini P., Berti A., Vincenzini M.T., Ramponi G., *Evidence for glutathion involvement in platelet-derived growth factor mediated signal transduction*, 1997, Bio Chem J., 324, 791-796.

Saito M., Nishito H., Fujii M. Takeda K., Tobiome K., Sawada Y., Kawadata M., Miyazono K., Ichijoh, *Mammalian thioredoxine is a direct in inhibitor of apoptosis signal-regulating-kinase (ask 1)*, 1998, Embo J., 17, 2596-2606.

Sauer H., Wartenberg M., Hescheler J., *Reactive oxygen species as intracellular messengers during cell growth and differentiation*, Cell Physiol. Biochem., 2001, 11, 173-186.

Internet

Cnrs, Nanotechnologie et santé
http://www.cnrs.fr/cw/dossier/domaine/accueil.htm

Nanoforum : information R&D Europe
www.nanoforum.org

Observatoire des micro- et nanotechnologies
www.omnt.fr